家畜ふん堆肥の基礎から販売まで
～100問100答～

編著　古谷　修

　　　伊澤敏彦
著　　本多勝男
　　　長峰孝文

アニマル・メディア社

■はじめに■

　「堆肥を作ったのに使ってくれない」とはよく聞く話です。その裏には、堆肥作りは余計な、嫌な仕事だ、それなのに折角作っても使ってくれないという気持ちがあるように思います。牛や豚、鶏を飼うのが精一杯で、とても堆肥作りまで手が回らないというのが正直なところでしょうが、堆肥のユーザーである耕種農家にとっては、欲しい堆肥でなければ使えないというのも事実なのです。どんな堆肥が欲しいのか、どうしたらそういう堆肥ができるのか、そのことを考えながら堆肥を作るか、あるいはただ漫然と堆肥作りをするか、結果はずいぶん違ったものになります。

　子供の頃、寒い冬の朝、高く積んだ堆肥から真っ白い湯気が上がっているのをみて不思議に思ったことを思い出します。家畜小屋から出たふん尿に、わらや山林から集めてきた落ち葉をよく混ぜると、ほどなく発酵が始まって温度が上がってきます。そこでは、今から考えると、堆肥作りの基本がきちんと守られていました。何事もそうですが、基本が大事です。最近はマニュアルばやりで、マニュアルだけに頼るという風潮がありますが、基本の裏づけがないと、砂上の楼閣のようなもので、きわめて危ういものです。とくに堆肥は、工業製品と違い、材料も処理方法も千差万別です。これを1つのマニュアルで示すというのはどだい無理な話です。

　そのため、本書では、基本の部分にややくどいくらいに分量を割いて説明しました。何か問題にぶつかったときに、基本に立ち戻って考えれば、解決策が見つかると思うからです。物事の理屈や原理を理解すれば、応用範囲が広がります。それとともに、本書では堆肥の施用や販売の部分にも力を入れました。作った堆肥がどのように使われるのかを知っておくこと、同時に、堆肥を自家使用するならともかくとして、堆肥も1つの「商品」ですから、販売戦略がどうしても必要です。

　本書は、堆肥作りとその施用・販売に少しでも役立てばという思いから、旧知の伊澤敏彦氏、本多勝男氏に、職場の同僚である長峰孝文氏を加えた4人で、あれこれ議論を深めつつ作り上げたものです。「Q&Aを読む前に」を読んでお分かりのように、堆肥作りに関係する用語には、見解や解釈が異なるものがかなりあります。本書を読んで疑問に感じたことについて、遠慮なくご指摘いただければ有り難く思います。

　最後に、本書の出版を快諾していただいたアニマル・メディア社ならびに編集にあたり多大のご苦労をいただいた永野わかばさんにお礼申し上げます。

田植えのはじまった白河にて
著者代表　　古谷　修

■目　次■

はじめに ………………………………………………………………………… iii

Q&Aを読む前に ………………………………………………………………… ix

第1章　堆肥(化)とは ………………………………………………………… 1
- Q1　家畜ふんの堆肥化の目的は？ ………………………………………… 2
- Q2　家畜ふんの堆肥化とはどのようなことをいうか？ ………………… 4
- Q3　堆肥化は絶対に必要な処理なのか？ ………………………………… 6
- Q4　昔からの堆肥と現在の家畜ふん堆肥とはどこが違うのか？ ……… 7
  - 一口メモ「昔からの堆肥と家畜ふん堆肥を使い分ける」……………… 8
- Q5　堆肥と厩(きゅう)肥はどのように違うか。また、コンポストとは何を指していう言葉なのか？ ……………………………………………… 9
- Q6　堆肥は特殊肥料であると聞いたが、どういうものを指すのか？ … 10
- Q7　堆肥の施用効果とは？ ………………………………………………… 12
  - 一口メモ「陽イオン交換容量(CEC)」………………………………… 13
- Q8　日本の家畜排せつ物量は年間どのくらいか？　その全部を耕地施用しても大丈夫か？ ……………………………………………………… 14
- Q9　堆肥の農地還元以外の利用方法は？ ………………………………… 16
- Q10　家畜ふんに堆肥以外の利用方法はあるか？ ………………………… 18
- Q11　堆肥のことを誰に相談すればよいか？ ……………………………… 20

第2章　堆肥化施設 ………………………………………………………… 21
- Q12　堆肥化施設にはどのような種類があるか。どうやって選んだらよいか？ … 22
  - 一口メモ「堆肥化施設と『家畜排せつ物法』」……………………… 25
- Q13　堆肥化施設の種類の中でもっとも普及しているのは何か？ ……… 26
- Q14　堆肥化処理方法によって処理条件はどう違うか？ ………………… 27
- Q15　開放型と密閉型の発酵施設において発酵速度や堆肥性状にどんな違いがあるか？ ……………………………………………………………… 28
- Q16　堆肥化施設のタイプに、畜種による向き不向きはあるのか？ …… 29
- Q17　堆積高50 cmの施設では堆肥発酵は無理か？ ……………………… 30
- Q18　通気施設を設置する場合に気をつけることは何か？ ……………… 32
- Q19　堆肥化施設の処理能力を増強することは可能か？ ………………… 33
- Q20　堆肥化に必要、もしくはあると便利な機材や道具は？ …………… 35

第3章　副資材・微生物資材等 …………………………………………… 35
- Q21　副資材の種類と特徴は？ ……………………………………………… 36
  - 一口メモ「廃木材の使用は安全性のチェックが必要」……………… 38

■■ 目次 ■■

- Q22 副資材にゼオライトなどの鉱物質資材を使うメリットは？ 39
- Q23 副資材として使用するモミ殻の粉砕は必要か？ 40
- Q24 副資材の種類によって堆肥化の期間が異なるのはなぜか？ 42
- Q25 浄化槽から出る余剰汚泥を堆肥に加えるときの注意点は？ 44
- Q26 微生物資材（発酵菌）は堆肥化を促進するか。また、嫌気性菌製剤には効果があるか？ 45

第4章 堆肥の管理 47

- Q27 堆肥化の必要日数は？ 48
- Q28 堆肥舎の面積はどれくらい必要か？ 50
- Q29 冬期に「戻し堆肥」や生ふんの水分を下げるには？ 53
- Q30 一次発酵と二次発酵の区別はどこでするか？ 54
  - 一口メモ「一次、二次発酵のもう1つの考え方」 55
- Q31 発酵、腐敗、腐熟の違いは何か？ 56
  - 一口メモ「TCA回路」 58

第5章 悪臭等の環境対策 59

- Q32 堆肥化施設の脱臭対策は？ 60
- Q33 土壌脱臭や堆肥脱臭とは？ 62
- Q34 密閉型発酵槽の臭いが強くて困っているが効果的な対策はあるか？ 63
- Q35 堆肥散布時の臭い対策は？ 64
  - 一口メモ「鶏ふんと尿酸と悪臭」 64
- Q36 堆肥の臭いの強さはどのように判定するか？ 65
  - 一口メモ「悪臭防止法と特定悪臭物質」、「三点比較式臭袋法」 66
- Q37 ハエを防ぐ方法は？ 67

第6章 堆肥化技術 69

- Q38 堆肥化技術の基本は？ 70
  - 一口メモ「堆（たい）肥の「堆」の字の語源と堆肥化の基本技術」 72
- Q39 前処理の水分調整は何％が適正なのか？ 73
  - 一口メモ「「水分調整」は通気性確保の1つの手段」 75
- Q40 副資材の混合割合はどのように計算したらよいか？ 76
  - 一口メモ「簡単な水分含量の測定法」 77
- Q41 前処理の容積重はどの程度にすればよいか？ 78
- Q42 容積重の量り方は？ 80
- Q43 堆肥の「切り返し」は必要か？ 81
- Q44 なぜC/N比の調整は必要なのか？ 84
  - 一口メモ「堆肥のC/N比と「窒素飢餓」の現象」 84
- Q45 強制通気は強いほどよいのか？ 85
- Q46 通気が適当かどうかの判断基準は？ 86

Q47	堆肥化の途中で水分を補給する必要があるか?	87
Q48	堆肥の発酵温度は高い方がよいのか。100℃以上になる場合もあるのか?	88
	一口メモ「自己発熱と堆肥の加温」	89
Q49	堆積高が発酵や品質に及ぼす影響は?	90
Q50	温風送風の効果はあるか?	91

第7章　トラブルシューティング　93

Q51	堆肥化が順調に進んでいるかを知るには?	94
Q52	堆肥化のスタートに失敗したら?	95
Q53	堆肥の温度上昇が始まるのに1週間も掛かるが対策は?	96
Q54	寒冷期に堆肥化が上手く進める方法は?	98
Q55	強制通気の効果が感じられないが、理由として考えられることは?	100
Q56	強制通気に電気代が掛かりすぎるが?	104
Q57	堆肥舎の壁際が水っぽくなったり、乾いてしまうことがあるのはなぜか?	105
Q58	送風機の防音対策は?	106

第8章　品質と評価　107

Q59	家畜ふん堆肥の成分含量はどのくらいか。畜種や堆肥化施設で差があるか?	108
	一口メモ「馬ふん堆肥の成分」	111
Q60	堆肥の成分分析ではどんなことを調べたらよいか?	112
Q61	堆肥の品質基準は?	114
	一口メモ「堆肥と土壌の銅と亜鉛含量の基準値」	115
Q62	堆肥の成分は腐熟の進行でどう変わるのか?	116
	一口メモ「pHとは?」、「堆肥のpHと発酵速度」、「難分解性有機物とリグニン」	118
Q63	完熟堆肥とは?	119
	一口メモ「堆肥は生き物。『これでもう完熟』はない」	121
Q64	堆肥のC/N比で腐熟度がわかるか?	122
	一口メモ「ミミズによる堆肥の腐熟度判定」	122
Q65	堆肥を外観的に評価する方法は?	123
Q66	「コンポテスター」とはどういうものか。どうして堆肥の腐熟度がわかるのか?	124
Q67	「コンポテスター」の使い方は?	126
Q68	「コンポテスター」の値がいくつになればよいのか?	128
Q69	「コンポテスター」だけで腐熟度が判定できるか?	130
Q70	BODと「コンポテスター」による酸素消費量との関係は?	131
Q71	「戻し堆肥」使用の堆肥は塩類が高いと敬遠されるが?	133
	一口メモ「ECとは?」	134
Q72	黒色の堆肥がよい堆肥なのか?	135
Q73	オガ屑混合堆肥には作物の生育阻害物質が含まれているのか?	136

一口メモ「発芽試験と幼植物試験」……………………………………… 137
　Q74　病原性微生物や抗生物質の堆肥への残留は？ ……………………… 138

第9章　施用 ……………………………………………………………………… 141
　Q75　堆肥でないと得られない効果は？ …………………………………… 142
　Q76　どんな作物がどんな堆肥に向いているか？ ………………………… 144
　Q77　堆肥はどれだけ施用してもよいのか？ ……………………………… 147
　　　一口メモ「黒ぼく土とは？」……………………………………………… 148
　Q78　堆肥を利用している耕種農家が困っていることは？ ……………… 149
　Q79　肥料効果の大きい、あるいは肥料成分を抑えた堆肥作りのポイントは？ … 151
　Q80　「完熟」堆肥でなくてもよい作物はあるか？ ………………………… 153
　Q81　堆肥の窒素は作物にどのように利用されるか？ …………………… 154
　　　一口メモ「脱窒」、「地下水・公共用水における硝酸性窒素の環境基準」… 155
　Q82　堆肥を施用し、化学肥料の使用量を減らすための基本となる考え方は？ … 156
　　　一口メモ「堆肥の三要素と窒素の無機化率」………………………… 158
　Q83　飼料用トウモロコシ畑に堆肥を入れる場合の堆肥量の決め方は？ ……… 159
　　　一口メモ「カリウムの過剰とグラステタニー」……………………… 160
　Q84　堆肥を施用するには土壌診断が必要なのか。どんな診断項目があるのか？ … 161
　Q85　成分調整堆肥とは何か？ ……………………………………………… 163
　Q86　堆肥を入れると冷害に強いというのは本当か？ …………………… 165
　Q87　堆肥を施すと稲が倒れたり、食味が悪くなると聞いたが、本当か？ … 166
　Q88　堆肥の施用で野菜や果樹の品質は高まるのか？ …………………… 167
　Q89　堆肥の施用効果を作物の栽培試験で示すには？ …………………… 169

第10章　販売 …………………………………………………………………… 171
　Q90　耕種農家が堆肥を使う目的とは何か？ ……………………………… 172
　　　一口メモ「農業環境関連三法」、「農業環境規範」…………………… 173
　Q91　稲作農家に堆肥を使ってもらうには？ ……………………………… 174
　Q92　凝集剤が入った堆肥が耕種農家に敬遠され、販売が難しい。対策は？ … 177
　Q93　商品価値の高い堆肥とは？ …………………………………………… 178
　Q94　堆肥センターの赤字を解消するには？ ……………………………… 180
　Q95　耕種農家の堆肥の購入価格は？ ……………………………………… 182
　Q96　耕種農家が購入する堆肥の価格には作物による差があるか？ …… 184
　Q97　年間を通して堆肥を販売する方法は？ ……………………………… 185
　Q98　商品価値を高めるための篩い分けと袋詰の方法とコストは？ …… 186
　Q99　堆肥をペレット化する方法とコストは？ …………………………… 187
　Q100　堆肥の散布サービスで販売量を伸ばしたいが、どんな方法があるか？ …… 190

索引 …………………………………………………………………………………… 192
著者紹介 ……………………………………………………………………………… 196
奥付 …………………………………………………………………………………… 197

▌引用・参考文献一覧▐

- 畜産環境整備機構、2005：堆肥の品質実態調査報告書「**堆肥実態調査**」
- 畜産環境整備機構、2005：家畜ふん尿処理施設・機械選定ガイドブック（堆肥化処理施設編）「**堆肥ガイドブック**」
- 中央畜産会、2000：堆肥化施設設計マニュアル「**中畜マニュアル**」
- 畜産環境整備機構、2005：作物生産農家のニーズを活かしたい肥づくりの手引き「**手引き**」
- 農林水産技術会議事務局、2004：家畜ふん堆肥の品質評価・利用マニュアル「**つくばマニュアル**」
- 藤田賢二、1993：コンポスト化技術、技報堂出版
- 河田　弘、1981：バーク(樹皮)堆肥　製造・利用の理論と実際、博友社
- 畜産環境整備機構、2004：家畜ふん尿処理施設の設計・審査技術「**畜環設計・審査**」
- 農文協、2005：環境保全型農業大事典　1、施肥と土壌管理、農文協「**環境大事典**」
- 志賀一一・藤田秀保・徳永隆一・吉原大二、2001：酪農における家畜ふん尿処理と地域利用、酪農総合研究所
- 西尾道徳、2005：農業と環境汚染　日本と世界の土壌環境政策と技術、農文協

※本文中に引用した文献名は、太字の略書名で記しています。

Q&A を読む前に

1. 用語の定義

　堆肥作りで使われている用語には、定義が曖昧なものが少なくありません。これらの用語を違う定義のもとで本書を読むと誤解してしまう恐れがありますので、本書を読むに当たっては、まず用語の定義について理解してください。

　現在、言葉の曖昧さが堆肥化技術の普及の障害になっているところがあります。その障害を取り除くため、本書はその言葉の一応の定義をしていますが、これが絶対正しいということではありません。堆肥化技術の普及が進み、その結果を受けて改訂が必要になれば見直して、より一層の理解が得られるようになればと考えています。

【前処理】

　堆肥化材料を堆積、あるいは発酵槽に入れる前までの、乾燥処理や副資材の添加、混合などの作業を前処理と呼びます。

【発酵、腐熟(度)】

　発酵とは、堆肥化過程で、有機物が好気的に分解することを意味します。腐熟は、堆肥の発酵が進むことで、腐熟度とはその度合です。詳しくは **Q31**(63頁)および **Q63**(132頁)を参照してください。

【一次発酵、二次発酵】

　様々な定義があって、混乱している用語です。高温発酵期を過ぎ、適切な条件下で切り返しを行っても温度の上昇がほとんどみられなくなるまでの堆肥化過程を一次発酵、それ以降を二次発酵とします。一次発酵が終わっても、有機物の分解が進むため、堆肥の温度は気温よりもわずかですが高く推移するのが普通です。条件にもよりますが、切り返して40～50℃を超えなくなれば、一次発酵が終了したと判断してよいでしょう。「コンポテスター」の値では「3」が目安です。詳しくは **Q30**(54頁)および **Q68**(128頁)を参照してください。

【易分解性有機物、難分解性有機物】

　一次発酵において分解される有機物を易分解性有機物、それ以外を難分解性有機物とします。易分解性有機物あるいは難分解性有機物といっても、特定の決まった成分があるわけではありません。ある成分が、堆肥化の条件によっては、易分解性有機物であったり、難分解性有機物であったりすることがあります。詳しくは **Q62**(116頁)および **Q63**(132頁)を参照してください。

【完熟堆肥】

　明確な定義がないまま使われている用語です。一般的には、一次発酵が終了した堆肥、すなわち易分解性有機物がほとんど消失した堆肥が「完熟」堆肥と定義されていま

す。しかし、一次発酵が終了しても有機物の分解は進むため、「完熟」とすることには異論もあります。本書では、できるだけ「完熟」の用語は使わないこととし、用いる場合でも、あくまでもカッコ付きの「完熟」とします。詳しくは**Q63（119頁）**を参照してください。

2．堆肥作りの基本の「キ」

　家畜ふんは、農作物が必要とする養分を豊富に含んでおり、適切に堆肥化処理をして施用すれば、すばらしい肥料となるばかりでなく、水はけがよく、保水力や保肥力が向上した土を作ります。これからの畜産は、資源循環と環境保全に貢献する経営が求められますが、家畜ふんの堆肥化は、それを支える重要な技術の1つです。

「どんな堆肥を作ったらよいか」を見極める

　堆肥作りの基本は、利用してもらえる堆肥を作ること、これに尽きます。堆肥を作って耕種農家に使ってもらうというよりも、耕種農家が使いたい堆肥を作るということです。

　耕種農家が望む堆肥は実に様々です。作物の種類や栽培方法によって異なりますし、土作りを主眼に置く農家もあれば、逆に有機質肥料分が欲しい農家もあります。耕種農家によっては、自分の経営に合った堆肥へと再処理しています。この場合にはある程度未熟であってもよいのですが、価格が低いことが重視されます。これらの多様なニーズのうち、できるだけ自分の経営の特徴、すなわち、畜種、使用している堆肥化施設や副資材などの条件を活かして、どのニーズに応えるかを見極めることが一番重要なことです。

安全な堆肥の生産、これが最低条件

　作物にも、土にも、それを取り扱う人にも安全な堆肥を作る、これが最低条件です。それには、60℃以上の発酵温度を2日間確保すること、耕種農家に引き渡して再処理するにしても、どうしてもこれだけは必要です。これによって、病原性微生物や雑草種子は死滅あるいは不活性化し、生ふんの汚物感や臭気も薄らぎます。家畜由来でない汚泥などの廃棄物が混入すると、重金属を含む可能性があるので注意してください。

　生産された堆肥をそのまま施用する場合には、一次発酵の完了（易分解性有機物の分解）が最低条件です。本書では、この堆肥中の易分解性有機物の分解程度を、最近開発された「コンポテスター」という装置で数値としてとらえることを推奨しています。これは堆肥の腐熟度にかかわる新しい概念ですので、やや詳しく説明してあります。

堆肥発酵の基本は、水と空気の確保

　堆肥発酵は微生物の作用で進みますから、水分が必要なことは当然ですが、好気的発酵ですからなんといっても空気（酸素）が必要です。水と空気が適度にあれば、家畜ふんの堆肥発酵は間違いなく順調に進みます。通気は、自然通気もありますが、強制通気、機械撹拌、切り返しなどで行われ、堆肥化施設によって異なります。

■■ Q&Aを読む前に ■■

堆肥を1つの「商品」と考えることで販路が拡大する

堆肥を「商品」と考えれば、取り組み方も変わってきます。自分の作った堆肥の特徴をよく知った上で、セールスポイントを打ち出し、成分的に安定した堆肥をユーザーのニーズに応じて、できるだけ安く提供することが大事です。場合によっては、堆肥の運搬や散布のサービスも求められます。「商品」ですから、経費削減の工夫が必要で、今までのように丼勘定というわけにはいきません。

堆肥作りの基本の「キ」は、以上です。それでは、自らの疑問をQ&Aの中から探してみてください。きっと疑問が解消すると思います。抱いている疑問とその答えが本書で見つからないときは、お近くの畜産環境アドバイザー(**Q11、20頁**)が頼りになる相談相手になってくれるはずです。

第1章

堆肥(化)とは？

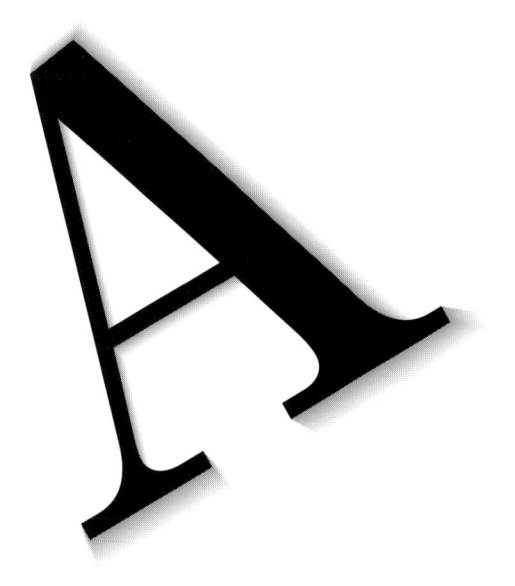

Q1. 家畜ふんの堆肥化の目的は？

> なぜ、家畜ふんを堆肥化する必要があるのでしょうか？　そのまま施用してはいけないのですか？

A 家畜ふん等の有機物は、農耕に適した土壌を作るためには重要なものですが〔堆肥の施用効果についてはQ7（12頁）〕、家畜ふん尿そのままでは、汚物感や不快臭があり、取り扱い性もよくありません。また、それをそのまま施用した場合にはかえって害があります。さらに、堆肥の施用量には季節的なかたよりがあるので、それまでは保存（貯蔵）する必要があり、保存性も大切です。ですから堆肥化がどうしても必要になります。

■原料の汚物感の解消と取り扱い性の向上

家畜ふんには汚物感や不快臭があり、取り扱い性も悪いものです。また、これを施用すると、周辺住民にも嫌われます。これらを解消して、水分を飛ばして取り扱い性を高めることは、堆肥化の大きな目的の1つです。

■不安定な有機物の分解

有機物が分解するときには微生物が酸素を消費します。この分解が土壌の中で急激に起きると、酸素が欠乏して作物に害を与えます。ですから堆肥化によって前もって、分解されやすい有機物（易分解性有機物）を十分に分解しておく必要があります。一方、微生物によって容易に分解されない安定的な有機物（難分解性有機物）は完全に分解する必要はありません。土壌に施用しても、ごくゆっくりとしか分解されないので作物に害を与えないからです。

堆肥の中で易分解性有機物がどれだけ含まれているかの判定法についてはQ66（124頁）を参照してください。

堆積材料の木質系副資材にはもともとフェノール酸等の生育阻害物質が含まれていることがありますが、これらの物質は比較的不安定です。ですから堆肥化にはこれらを分解する目的もあります。また、堆肥発酵が嫌気的状態で行われた場合にはこれらの生育阻害物質が生成されることが知られているので、好気的な高温発酵を心掛けてください。

病原性微生物、寄生虫卵、雑草種子の死滅・不活性化

　堆肥化では、水分と十分な空気(酸素)があれば、60℃以上の高温になるのが普通です。堆積材料が60℃以上という高温に2日間さらされることにより、病原性微生物、寄生虫卵、雑草種子等の大部分が死滅・不活性化され、作物や人畜に無害な堆肥になります。

　堆肥化に当たっては、切り返しをできるだけ頻繁に行って堆肥全体がこの高温状態を経過するように心掛けてください。一部でも高温にならない部分があると、目的は達成されないことになります。

ふんの保存性の改善

　ふんは生のままでは長期の保存ができません。そのため、保存ができるような形に変えることも堆肥化の目的の1つです。

　なお、従来の教科書には、堆肥化の目的として「C/N比の低下」について記述されています。しかし、家畜ふんを主な堆肥化原料とする場合は、窒素が多く含まれているので、C/N比を問題にする必要はありません。詳しくは**Q44(84頁)**を参照してください。

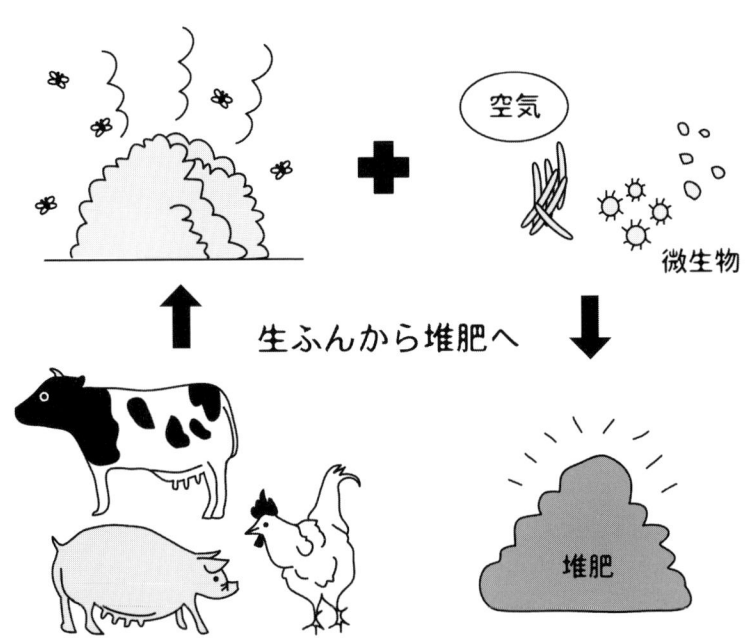

Q2. 家畜ふんの堆肥化とはどのようなことをいうか？

「家畜ふんの堆肥化」とは具体的にどのようなことを指すのでしょうか。堆肥化が進むメカニズムを教えてください。

A 堆肥化とは有機物の分解を人為的に速める作業です。堆肥の原料となるふんや落ち葉などの有機物は、植物が、太陽の光エネルギーによって、水と二酸化炭素（炭酸ガス）、それに土からの養分を得て作り出したものです。そして、これらの有機物は、生命を全うしたあと、再び土に還って水と二酸化炭素に分解され、そこに含まれた養分は、次の世代の有機物を育てる「肥（こやし）」として役立ちます。自然の大きな摂理の中で、生命にかかわる有機物は生成、分解という循環を絶えず繰り返しています。

「堆肥化」とは、これらの有機物に含まれる分解しやすい成分を、微生物の力で人為的に分解させ、一定の安定した状態にまで到達させる処理工程であるといえます。

つまり堆肥化とは、微生物によって有機物を分解して安定化させるということです。

一般的には、微生物によって家畜ふんに含まれている有機物を分解することが、家畜ふんの堆肥化と呼ばれています。堆肥化のメカニズムを**図1**、堆肥化過程のイメージを**図2**に示しました。

堆肥化が不十分だと、保管の際や農地に散布した場合に、嫌気性微生物が働いて悪臭や生育障害の原因になります。堆肥化とは、分解する物質は分解させ、安定した物質のみを残すことです。

家畜ふんは水分と固形物（乾物）に大別でき、固形物はさらに有機物と無機物に分けることができます。微生物が分解できるのは有機物だけです。この有機物は、さらに微生物によって、分解されやすい有機物（易分解性有機物）と簡単には分解されない有機物（難分解性有機物）に分けることができます。このように、有機物を便宜的に、易分解性有機物と難分解性有機物に分けていますが、微生物は多様であり、有機物の種類に応じた分解能力に差があるので、この有機物の区分は明確なものではありません。

■■ 第1章　堆肥(化)とは？■■

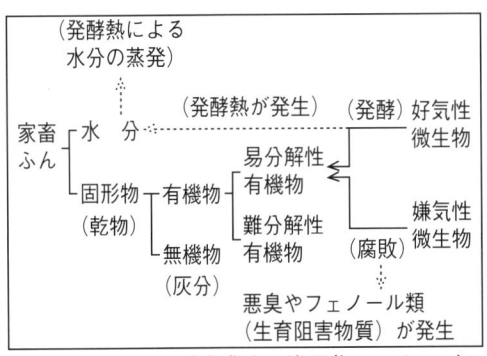
図1　家畜ふんの構成成分と堆肥化のメカニズム
「堆肥ガイドブック，前掲」

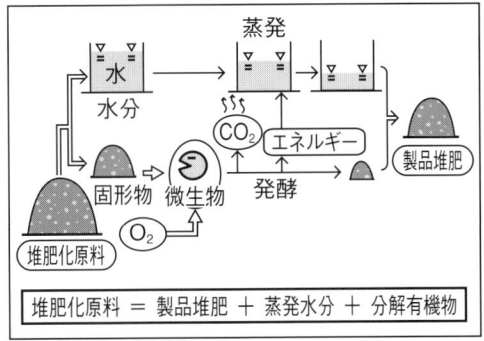
図2　堆肥化過程のイメージ
「堆肥ガイドブック，前掲」

堆肥化では、空気(酸素)のある好気的条件での分解が何より重要

　有機物を分解する微生物は、酸素のある状態で活動する好気性微生物と、酸素のない状態で活動する嫌気性微生物に大別されます。詳しくはQ31(56頁)を参照してください。どちらの微生物も、まず易分解性有機物を分解します。

　好気性微生物による分解は酸素を利用する酸化分解のため、酸化反応熱(燃焼熱)が発生します。生産されるものは、大部分が水と二酸化炭素です。一方、嫌気性微生物による分解は酸素を利用しない還元分解であるため、ほとんど反応熱は発生しません。生産されるものは乳酸、酢酸などのほか、場合によっては悪臭ガスや作物に対する生育阻害を示すフェノール類などです。堆肥発酵が嫌気状態になると、分解効率が低下し有害物質が発生するなど、堆肥化にとってよいことはないので好気的条件を保つことが何よりも重要です。

堆肥化では、発酵熱(分解熱)が発生して重要な働きをする

　堆肥化時に発生する発酵熱により家畜ふんに含まれる水分が蒸発して、残りの水分＋無機物＋難分解性有機物で構成される取り扱い性のよい堆肥が生産されます。また、この発酵熱により、病原性の菌や原虫、寄生虫等が死滅し、また、雑草種子の発芽も抑制されることになります。

Q3. 堆肥化は絶対に必要な処理なのか？

> 乾燥鶏ふんのように乾燥処理した家畜ふんも施用されているようですが、「堆肥化」は絶対に必要な処理なのですか。牛ふんや豚ぷんも、そのまま使ってはいけないのでしょうか。

A 非常に重要な質問です。たしかに実際には、乾燥した家畜ふんや、時期や畑の条件によっては「生（なま）」ふんに近いものでも施用されることがあります。そして、それが直接害を生じるということもあまり聞きません。ただしその場合は、施用に当たって注意が必要です。乾燥処理されたものであれば、施用直後は急激な分解を起こすため直ちに播種してはいけません。しばらく、たとえば2～3週間経過後に播種や定植の作業をします。また臭気も一般に高いため、その対策も必要です（**Q35、64頁**）。

また、「生（なま）」の施用の場合も同様に播種、定植の時期との関係で限られた時期には可能ですが、この場合は、施用できない時期のふんの処理が行き詰ってしまうことになります。つまり、「生（なま）」で施用することはできても、貯蔵中の性状の悪化や悪臭の発生という問題があるため、いつでもどこでもというわけにはいかないのです。

この点で、これらの問題回避の効果がある程度見込める「乾燥処理」も、現実の技術として認められますし、堆肥化が絶対に必要とはいえません。堆肥化と乾燥の折衷技術も当然あります。**Q17（30頁）** にあるような浅型発酵施設がその例です。このとき大切なことは、折衷的な処理のものに対しては、施用に際して、上記の乾燥処理のものに準じた配慮が求められるということです。また、乾燥処理だけでは、雑草種子の不活化等の効果が期待できないこともあるので、その点にも配慮が必要です。

Q4. 昔からの堆肥と現在の家畜ふん堆肥とはどこが違うのか？

> 昔からの「堆肥」と現在一般に流通している家畜ふん堆肥とでは、成分にも、使い方にも違いがあるため、現場では混乱が生じているようです。その違いについて分かりやすく解説してください。

A 昔からの農業技術(ここでは慣行農法と呼びます)で使われた堆肥と現在一般に使われている家畜ふん堆肥とでは、成分的にも堆肥の使用目的にも大きな違いがみられます。また、堆肥化の方法にも新たな技術が導入されています。このように違うものを同じ「堆肥」として取り扱っているために混乱が生じています。

堆肥化原料が違えば、生産される堆肥の成分も異なる

慣行農法では落ち葉や稲わらなどを主な原料にしていましたから、炭素分が多く、窒素分の少ない堆肥になりました。いわゆるC/N比が高いため、施用に際しては「窒素飢餓」が問題になります。一方、家畜ふんを主原料にすれば、C/N比が低いため「窒素飢餓」は問題になりません。しかし、肥料成分が高いため、堆肥の施用に当たっては、堆肥の分だけ化学肥料の肥料分を減らす必要があります。

土壌改良のみが目的の場合には、この肥料成分がむしろ邪魔になります。

慣行農法では堆肥は貴重な資材だったが…

肥料事情もまったく異なっています。慣行農法の時代は、化学的に肥料を製造する技術がなかったため、耕地をいかに肥沃にするかが課題で、堆肥は貴重な資源でした。ところが、現在はむしろ肥沃が問題になりつつあり、「土地が糖尿病になってしまっている」と表現した人がいるほどです。耕地への養分供給が過剰になると、環境汚染や作物の病気の原因になりますので、堆肥の施用量にも気をつけなければならなくなりました。

しかし、堆肥の土壌改良資材としての重要性は、現在でも変わりません。

■大規模畜産のふんの堆肥化は新たな課題

　堆肥化の基本技術は共通ですが、専業化した大規模な畜産から排出されるふんを堆肥化する場合は、慣行農法時代の処理技術では対応できなくなっています。慣行農法時代の堆肥作りは、堆肥化材料を積んでおき、時々切り返す程度でしたが、現在は機械撹拌、強制通気など、新たな堆肥化技術が導入され、それらに対する適切な管理が求められています。

　しかしながら、現状では、それらの機械や施設、あるいは種々の資材をうまく使いこなす技術は、十分な水準に達していないと思われます。消化不良の技術導入が、新たな混乱を引き起こしているといえます。

一口メモ

昔からの堆肥と家畜ふん堆肥を使い分ける

　堆肥の作り方と使う目的を理解する上で、某有機農業グループが採用している堆肥の使い分けは示唆に富んでいます。そのグループでは、剪定枝などを堆積して、2～3年経過したものを篩にかけ、腐熟が進んで篩の下に落ちるものを「枝肥（えだごえ）」としてまず畑に入れます。枝肥を入れて土が軟らかく暖かい状態になれば、養分供給のため鶏ふん等から製造した家畜ふん堆肥を入れます。このように、土壌改良効果と肥料効果とを期待する有機物を使い分けているのです。

Q5. 堆肥と厩（きゅう）肥はどのように違うか。また、コンポストとは何を指していう言葉なのか？

土壌肥料の本などには堆肥、厩肥、堆厩肥、家畜ふん堆肥など様々な用語が使われており、また、最近ではコンポストという用語もよく聞きますが、どう違うのですか。それぞれに使い分けする必要があるのですか。

A　化学肥料がなかった時代にわらや雑草、落ち葉などを堆積して作った肥料を堆肥（堆積肥料の意味）と呼びました。これに対して、馬小屋や牛小屋の敷料を堆積して作った堆肥は、牛馬のふん尿が混合されてとくに肥効がよかったため、普通の堆肥とは区別して厩（きゅう）肥と呼ばれ、珍重されていました。また、堆肥と厩肥の両方を含めて堆厩肥と呼びました。ですから家畜ふんを材料とした堆肥は、厩肥と呼ぶのが正しいことになります。しかし、厩肥には馬小屋、牛小屋のわらなどの敷料が主材料というイメージがあるため、鶏ふんや豚ぷんを主材料としたものを厩肥と呼ぶのは抵抗があるようで、競馬場などの厩舎（きゅうしゃ）から出た堆肥を厩肥と呼ぶこともありますが、現在では、ほとんどこの呼称は使われていません。

　本来の意味での堆肥や厩肥があまり作られなくなり、家畜ふんが主材料の堆肥が多くなっているので、現在は堆肥と厩肥は区分せず、単に堆肥と呼ぶようになっています。耕種部門では今でも「堆きゅう肥」という用語が広く使われています。家畜ふん尿を材料にしていることを明らかにしたい場合は、家畜ふん堆肥、あるいは畜種名を入れて牛ふん堆肥、豚ぷん堆肥などとするのが一般的になっています。また、副資材名も入れて、オガ屑豚ぷん堆肥などともいいます。

　コンポストは、堆肥の英名で、現在使われている「堆肥」と同じ意味です。しかし、生ゴミ等、家畜ふん以外を原料としている堆肥をコンポストと呼ぶことが多いようです。

Q6. 堆肥は特殊肥料であると聞いたが、どういうものを指すのか？

堆肥を製造して販売したいのですが、特殊肥料としての届け出が必要といわれました。堆肥の公定規格とはどのようなものでしょうか。販売する際には、どんな表示をすればよいですか。また、肥料成分の調整のために化学肥料を混合できますか。

A 改正肥料取締法（平成11年）では、家畜ふん堆肥は**表1**のように特殊肥料に区分されています。家畜ふん堆肥は汚泥肥料や化学肥料などの普通肥料が登録制であるのに対して、届出制で肥料の生産や流通に当たっての手続きが簡単になっ

表1 肥料取締法における家畜ふん堆肥の位置づけ

区分	対象となる肥料の例	生産開始時の手続き	公定規格の内容	表示の内容
特殊肥料	魚かす、米ぬか	業の開始に係わる届出	公定規格なし	表示基準なし
	家畜ふん堆肥	業の開始に係わる届出	公定規格なし	品質表示基準を制定し、①種類・名称、②含有成分量、③原料の種類等を表示
普通肥料	汚泥肥料 汚泥発酵肥料	生産する肥料の銘柄ごとの登録	有害成分の最大量等	保証票の添付を義務づけ、①種類・名称、②含有成分量、③原料の種類等を表示
	化学肥料 石灰質肥料	生産する肥料の銘柄ごとの登録	主成分の最小量 有害成分の最大量	保証票の添付を義務づけ、①種類・名称、②保証成分、③原料の種類等を表示

注）流通販売される堆肥は特殊肥料に区分され、含有成分の公定規格は設定されていないが、原料名、窒素、リン酸、カリなどの成分量の表示が義務づけられている

「手引き，前掲」

ています。含有成分の公定規格は設定されていませんが、原料名や成分量の表示が義務づけられています。

なお、乾燥鶏ふんや発酵鶏ふんなどは加工家きんふん肥料として普通肥料に登録することも可能です。水分が20％以下、窒素とリン酸がそれぞれ2.5％、カリが1％以上含まれなければなりませんが、このような条件を満たしていれば化学肥料などの普通肥料との混合が認められます。

公定規格はないが、原料名・成分表示の義務がある

表示義務のある成分は、窒素全量、リン酸全量、カリ全量、炭素率(C/N比)、水分含有量です。また、豚ぷんや鶏ふんには亜鉛や銅、場合によっては石灰の濃度が高いものもあるため、堆肥現物1kg当たり亜鉛900mg以上、銅300mg以上、また、石灰では150g以上含有する場合は含有量を表示する義務があります。

汚泥を含む堆肥は普通肥料になる

畜舎排水の浄化処理施設から出た汚泥を一緒に堆肥化することもありますが、堆肥化原料に汚泥類が少量でも混入している場合には、汚泥肥料と見なされ、特殊肥料ではなく普通肥料としての登録が必要になるので気をつけてください(**Q25、44頁**)。

汚泥肥料では有害成分の許容最大量として、ひ素0.005％、カドミウム0.0005％、水銀0.0002％、ニッケル0.03％、クロム0.05％、鉛0.01％が設定されています。また、特殊肥料の場合と異なり、単なる届け出ではなく生産者保証票が必要です。窒素・リン酸・カリの全量の表示と、銅・亜鉛・石灰については一定以上の量を含有する場合には表示が必要です。

家畜ふん堆肥と普通肥料(化学肥料)との混合販売はできない

生産された堆肥に化学肥料を混ぜて耕種側の望むような肥料を調製すれば、メリットがあることは確かです。しかし、現在の肥料取締法では普通肥料と特殊肥料を混合して販売することは認められていません。現状では副資材や畜種の異なるふん尿の選択によって目的に合うような成分に調整するか、耕種農家側で購入後に化学肥料と堆肥を混合してもらうしかありません。

Q7. 堆肥の施用効果とは？

> 堆肥を耕地に施用する効果としてはどんなものがありますか。

A 堆肥の施用効果をまとめると以下のようになりますが、それぞれの効果の度合は堆肥の種類によって異なるので、堆肥を生産する立場としては、どの効果を主に狙って堆肥を生産しているのかを意識することが重要です。

■土壌構造の改良（腐植質の供給）

堆肥を施用する耕種農家の多くは、この土壌構造の改良効果を狙っています。有機物はいずれ腐植質になり、これが団粒構造を作って土壌の物理・化学的性状を改善します。これは化学肥料ではまねのできないことです。

「堆肥を買うということは、腐植質を買うことだ」という耕種農家も多く、そのような農家は肥料成分があるとかえって邪魔だと考えているので、どちらかといえば牛ふん堆肥が向いています。

■肥料成分と微量要素の供給

堆肥は窒素、リン酸、カリの3要素の他に、石灰（カルシウム）、苦土（マグネシウム）および硫黄の多量要素を含んでいます。また、微量要素としてマンガン、モリブデン、銅、亜鉛、鉄、ほう素、塩素等を含んでいますが、これらは作物には必須の成分であり、これも化学肥料にはない効果です。

鶏ふんには、尿に由来する尿酸態の窒素が多く含まれます。尿酸ができるだけ分解しないように上手く堆肥化すれば、肥効の優れた窒素肥料として使えます。

■微生物の供給と病虫害の抑制

堆肥は微生物の土壌への供給源となります。堆肥に含まれる窒素の大部分は、微生物の体蛋白質です。堆肥を施用すると、各種微生物やこれを食べる原生動物、ミミズなどが多くなり、複雑な食物連鎖の形成によって病原性微生物の急激な増殖を抑えるといわれています。

肥料成分を保持し、緩衝能を高める

　団粒構造となった土壌は、肥料成分の保(も)ちがよくなります。腐植質は陽イオン交換容量(CEC)が大きいため、アンモニア、カルシウム、カリといった肥料成分を保持して流失を防ぎます。また、化学肥料を多用すると土壌のpH等が変動しやすくなりますが、堆肥を施用するとこの変動が小さくなります。このように、何らかの変化を穏やかにする作用を緩衝(かんしょう)能といいます。

有害物質の害を防ぐ

　酸性土壌には反応しやすいアルミニウムが多く、これが作物の根を傷めたり、リン酸を固定して作物に利用できないようにします。堆肥の施用で形成される腐植質は、このアルミニウムと結合して作物への害を与えないような形にします。銅、鉛、カドミウムに対しても同様の効果があります。

一口メモ

陽イオン交換容量(CEC)

　塩基置換容量ともいいます。微細な粘土と腐植によって構成されている土壌膠質(コロイド)は、電気的に陰(マイナス)の性質を示し、陽イオン(プラス)のカルシウム、カリウム、マグネシウム、ナトリウム、アンモニアなどを吸着することができます。土壌が陽イオンを吸着することができる最大量を陽イオン交換容量といいます。この値が高いほど保肥力が高く、多くの作物の栽培に適した土壌です。腐植質の多い土壌ではこの値が高くなります。

Q8. 日本の家畜排せつ物量は年間どのくらいか？ その全部を耕地施用しても大丈夫か？

> 日本の家畜排せつ物量は年間どのくらいになるのでしょうか。それら全部を堆肥にしても耕地の受け入れは可能なのですか。

A 日本の家畜排せつ物の発生量は、年ごとにやや減ってきてはいますが、2004年の時点で約9000万tです。畜種別にみると、乳用牛でやや多く、養鶏では少ない傾向はありますが、あまり大きな差はありません（表2）。そのうち、90%（約8000万t）が堆肥や液体肥料（液肥）として農地還元されます。その他は浄化処理後に放流されていたり、炭化や焼却処理を施されています。

家畜ふん尿中の窒素の流れ

堆肥として施用されたふん尿中の有機物に含まれる炭素、水素、酸素は、水や二酸化炭素となって消滅し、後には、窒素やリンなどが残ります。とくに、窒素はふん尿中に大量に含まれるため、ふん尿を耕地にどれだけ入れられるかを考える場合、制限要素になります。

表2 畜種別にみた家畜排せつ物発生量（単位：万t）

畜　種	発　生　量
乳用牛	2,789
肉用牛	2,577
豚	2,251
採卵鶏	782
ブロイラー	498
合　計	約8,900

注：平成16年畜産統計から堆計
「農水省調査、2004」

■■ 第1章 堆肥(化)とは？ ■■

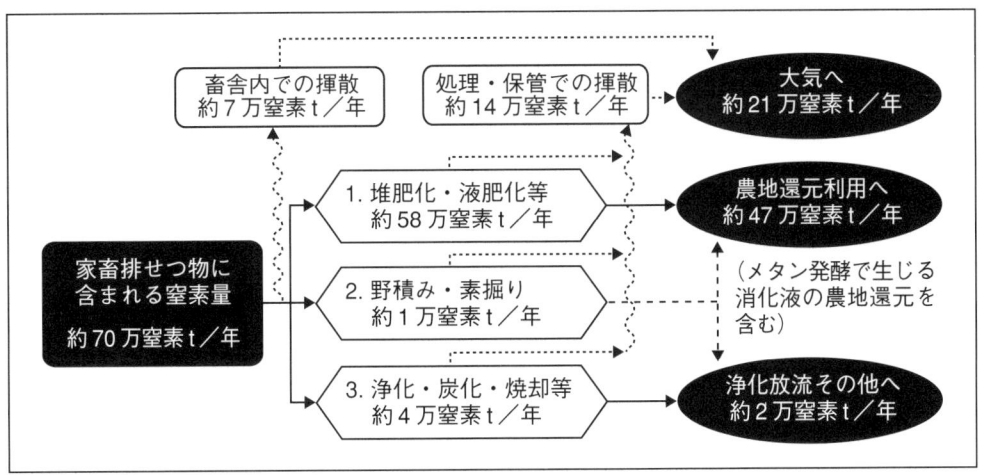

図3 家畜排せつ物の窒素の流れ

「農水省調査、2004」

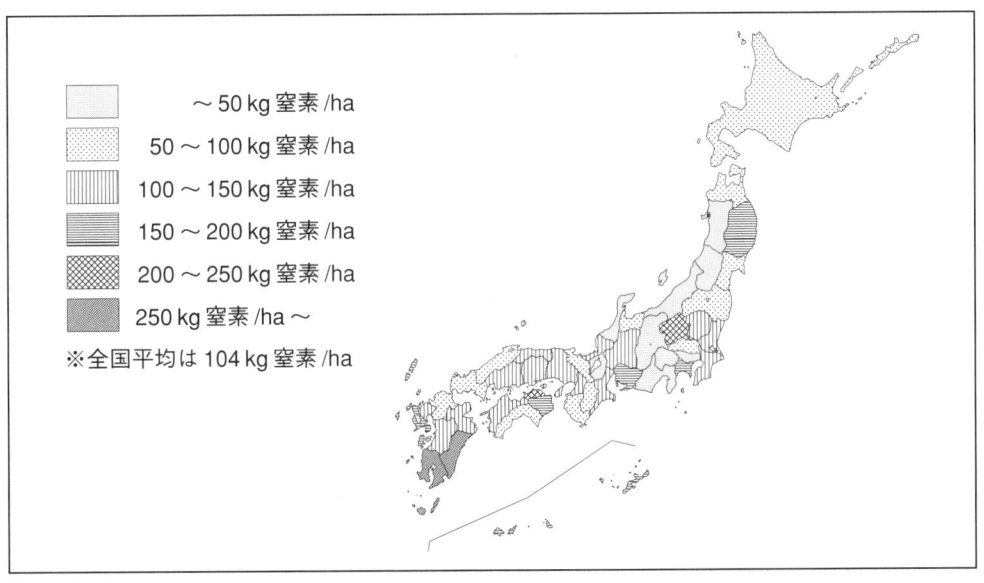

図4 耕地面積当たりの窒素排せつ量(揮散された窒素を除く)

「農水省調査、2004」

　そこで、窒素の流れをみてみましょう(**図3**)。家畜排せつ物に含まれる窒素量は年間で約70万tと推定されています。大気中へ約21万tが揮散し、農地へ還元される窒素は約47万tです。一方、ふん尿中に含まれる窒素の受け入れ可能量は年間58～71万tと推定されており、全国的にみればまだ堆肥の受け入れには余裕があることになります。これを耕地面積当たりにすると、平均では130 kg/haとなります。

　図4は、耕地面積当たりの窒素排せつ量を都道府県別にみたものです。これには、窒素の揮散量は差し引いていますので、ほぼ、農地還元量とみてかまいません。全国平均は104 kg/haですが、受け入れ可能量である130 kg/haを超える県がいくつかみられます。これらの県では、堆肥の需給バランスはきわめて厳しいため、堆肥を他県に移出するか、ふん尿を他用途に振り向けざるを得なくなっているのが実情です。

15

Q9. 堆肥の農地還元以外の利用方法は？

> 家畜ふん堆肥は農地還元が基本になると思いますが、それ以外にも堆肥の使い道はありますか。

 農地以外でも利用されている事例があります。以下の例を参考にして、立地条件等を踏まえて堆肥の需要拡大を図ってください。

■ゴルフ場やスキー場での利用

　ゴルフ場で小粒のペレット堆肥が散布されているのを見たことがある人も多いでしょう。ゴルフ場での堆肥利用は、農地利用と変わるところはありません。ゴルフ場は農薬や化学肥料の散布で水源汚染が問題になっているところもあり、できるだけこれらの散布を抑え、堆肥の肥料保持効果によって地下水への肥料成分の散逸を少なくしようとする動きがあります。

　堆肥をスキー場に施用している例もあります。夏場に植物を育てておくと、冬期に雪がつきやすく、また融けにくくなるそうです。

■高速道路の路肩など土壌侵食防止

　高速道路の路肩の法面にペレット堆肥を散布し、植物の生育を高めて路肩の保護に役立てている事例があります。道路でなくても、傾斜地に比較的粒径の大きいペレット堆肥を施用すると土壌の浸食防止に効果があります。

■ハエなどの昆虫やミミズの養殖

　堆肥でイエバエを養殖して、その幼虫をエビのエサにする試みがあります。ミミズを養殖して魚のエサにする事例もありますが、最近はあまり聞かないようです。

　堆肥でミミズや昆虫類を養殖した後で堆肥として使用するには、病虫害の問題が起きないように、新たな堆肥化材料とともに高温による再発酵を行う必要があります。

▌臭気の吸着材

　堆肥を堆肥の脱臭材として使う「堆肥脱臭」についてはよく知られています(**Q33、62頁**)。畜産以外の臭気物質の吸着、分解にも「アースフィルター」の一種として使えます。土壌脱臭では、土壌がしだいに堅くなり、ひび割れを起こしやすくなりますが、堆肥ではこのようなことはありません。

▌荒廃地の再生や埋立処分場の覆土材

　有機物の少ない荒廃地、廃鉱、ボタ堆積場などの再生にも利用可能です。この場合には、堆肥の品質は必ずしもよいものでなくてかまいません。

　埋立処分場では、覆土のために大量の砂や粘土が用いられています。この覆土材として堆肥を用いれば、良質な土壌の埋立地が得られます。この場合も堆肥の質は問題ではありません。

　ただし、このような利用でも、堆肥の使用量が多すぎて地下水や水源の汚染にならないように十分に気をつける必要があります。

Q 10.家畜ふんに堆肥化以外の利用方法はあるか？

家畜ふんに堆肥化以外に利用方法があるとすれば、どんなことがありますか。
また、畜種別に特徴的な使い方はありますか。

A 家畜ふんの利用法としては堆肥化がほとんどですが、堆肥には需要量や需要時期（春と秋に集中）の制限があるため、堆肥化以外の資源化を含めて広範囲に検討して、地域の循環システムの一環としたいものです。

家畜ふん尿の資源化には、堆肥化のほかにバイオガス化（メタン発酵）、乾燥、焼却、炭化がありますが、畜種によっても、また、ふん単独かふん尿混合かによっても利用方法は異なります。

■バイオガス化（メタン発酵）

バイオガス化は、牛と豚でふん尿混合の場合に行われています。施設の建設費が比較的高くつき、発生する熱や電気などのエネルギーを自家で有効に使える条件が必要です。また、メタンを取った後に消化液が残ることが１つの問題点です。この消化液はアンモニアを高濃度に含むため、これを放流できるまで浄化するにはかなりコストが掛かります。ただ、消化液は、速効性の窒素肥料を含む液肥として散布することができますので、そのような土地がある場合にはバイオガス化は一考に値します。

■乾燥と焼却処理

乾燥や焼却処理は、高水分の畜ふんには合わないため、一般には鶏ふんに限られます。この場合でも、鶏ふん自体の燃焼エネルギーをいかに乾燥、焼却に活かして外部からの供給エネルギーを減らすかがカギになります。労力はほとんど掛かりませんが、焼却の場合は後に焼却灰が１割程度残るので、飼育羽数が大規模の養鶏場では、この処理も問題になります。鶏ふん焼却灰は、リンやカルシウムを高濃度に含むため、飼料原料として再利用する試みもあります。

鶏ふんの燃焼エネルギーで発電する施設も海外ではかなり稼働しており、水力や火力に対して「鶏力」発電として紹介されています。

表3 家畜ふんの資源化の適性

	堆肥化	バイオガス化	焼却	炭化
乳牛ふん	◎	○		
ふん尿	△	◎		
肉牛ふん	◎	○		
ふん尿	○	◎		
豚ぷん	◎	○		
ふん尿	△	◎		
採卵鶏ふん	◎		○	○
ブロイラーふん	◎		◎	◎

◎適している　○可能である　△前処理を行うと可能

炭化処理

　炭化物やそれを堆肥とブレンドした製品が土壌改良材として使われていますが、炭化物の効果は必ずしも明確になっているとはいえず、需要の掘り起こしが必要です。

　各家畜ふん尿の資源化の適性を**表3**に示しましたが、資源化の適性と処理コストが有利になることとは異なりますので注意してください。家畜ふん尿の資源化は、なんといっても堆肥化が基本です。堆肥化以外の方法を採用する場合には、立地条件や経営条件を十分に検討してから決めてください。

Q11. 堆肥のことを誰に相談すればよいか？

> 堆肥化施設の建設や堆肥の上手な作り方、堆肥販売など様々なことについて、できるだけ身近な人に指導してもらいたいのですが、誰に相談したらよいでしょう。

A 堆肥化や汚水処理などのふん尿処理技術は、多くの畜産関係者にとっては、今までなじみの薄い技術でした。この技術支援策として、(財)畜産環境整備機構は、平成11年度から専門的な知識と技術を習得した畜産環境技術指導者(畜産環境アドバイザー)の養成を行ってきました。平成17年3月末時点で全国に3000名を超える畜産環境アドバイザーが誕生して、活動しています。

畜産環境アドバイザーは、全国どこにでも配置されるようになりましたので、都道府県の畜産行政の出先機関や皆さんの経営を訪れる普及指導員、家畜保健衛生所や畜産協会、農協等の職員に、畜産環境アドバイザーについて聞けば、身近な人を紹介してくれます。普段、親しくしている人が畜産環境アドバイザーだったということもあるかもしれません。気楽に相談してみてください。きっと親身になって有益なアドバイスをしてくれると思います。

わからないことがあれば畜産環境アドバイザーに相談しよう

第 2 章

堆肥化施設

Q 12. 堆肥化施設にはどのような種類があるか。どうやって選んだらよいか？

> 堆肥化施設にはどんなものがありますか。それぞれの特徴と個々の経営に合った選び方について教えてください。

A 堆肥化施設には種々のものがあります。その特徴をよくつかみ、経営の実態に合ったものを選ぶようにしてください。検討が不十分であったり、低価格というだけで導入してしまい、上手く稼働しないという例をあちこちでみかけます。

■堆肥化前処理の施設・機械

堆肥化施設というと、堆積管理の部分にだけ注目しがちですが、それに先立つ前処理用施設・機械が大きな役割を果たします。乾燥施設・装置、粉砕機、混合装置などが必要とされる場合があります。また、大きな堆肥センターなどでは搬入される原料と搬出される製品堆肥の量を知ることは重要なことなので、秤量装置も必要です。

■堆肥化施設の種類と特徴

堆肥化処理施設の種類とそれぞれの特徴を図5と表4に示しました。堆肥舎で堆積する堆積方式と撹拌に機械を使う撹拌方式の大きく2つに分けられます。堆積方式では、切り返しをショベルローダー等で行うため労力が掛かりますが、イニシャルコスト（初期投資）、ランニングコストとも安価で、故障に悩まされることは少ないです。ただし、広い作業面積を要し、切り返しの頻度にもよりますが、堆肥化にやや時間が長く掛かるのが普通です。

撹拌方式には、開放型と密閉型（写真1、2）の2つがあり、密閉型はイニシャルコストが高いのですが施設面積は狭くてよく、主に養豚や養鶏で使われています。開放型は、堆積の深さに30 cm～3 mの違いがみられます。浅い方が水分の蒸発による乾燥は期待できますが、気温の影響を受けやすく、発酵の管理が難しくなります。

■■第2章　堆肥化施設■■

図5　堆肥化処理施設の分類

構造区分		呼称	構造の概要
堆積方式	無通気型	堆肥舎	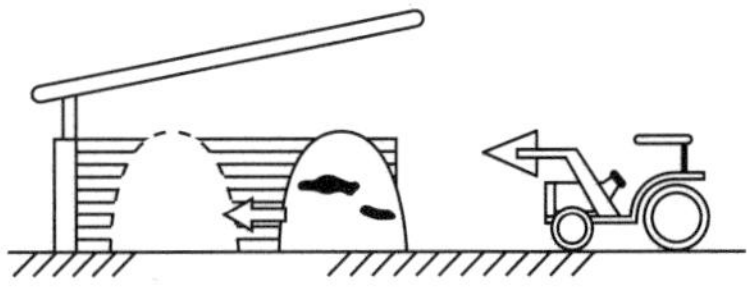
	通気型	通気型堆肥舎	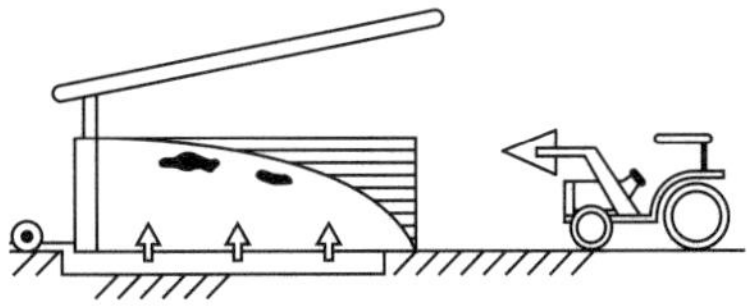
攪拌方式	開放型	直線型 （単列・複列）	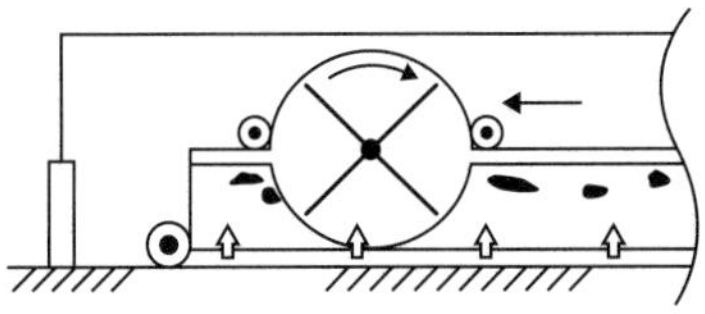
		回行型 （楕円形）	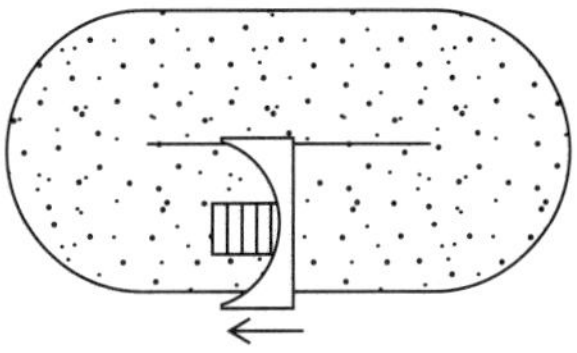
		円形型	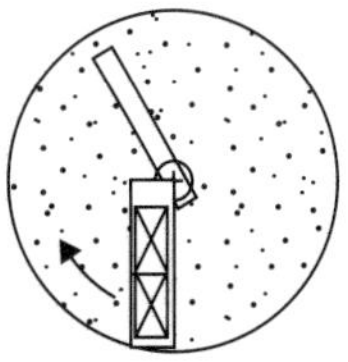
	密閉型	縦型	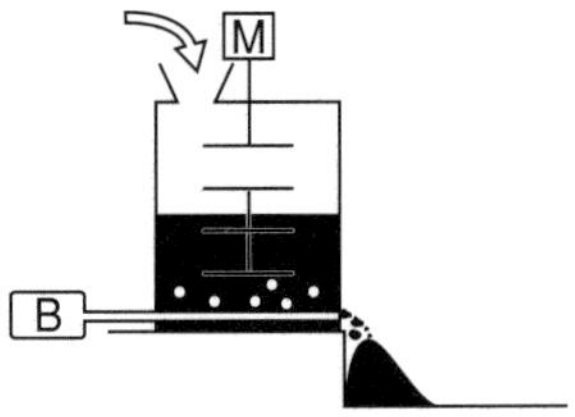
		横型	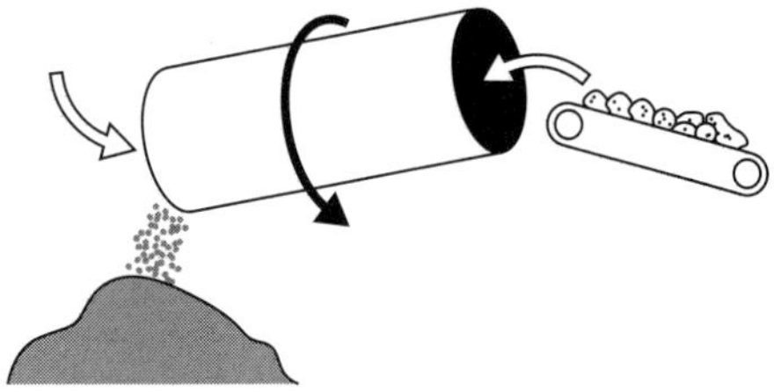

注）開放型攪拌方式堆肥化処理施設には、通気型、無通気型がある。

「中畜マニュアル，前掲」

表4 各種堆肥化処理方式の特徴

処理方式	堆積方式（堆肥舎）		撹拌方式					密閉型	
	無通気型	通気型	開放型					縦型	横型
			直線型	回行型	円形型	自走式	その他（堆積型機械撹拌）		
構造	雨よけの上屋と隔壁を設けた構造の堆肥舎	堆肥舎底部に通気装置を設け、通気を行いながら切り返しを行う	切り返し装置が発酵槽の側壁あるいは上部のレールに走行しながら、直線的に走行しながら、切り返し、移送を行う	直線型とほぼ同様であるが、発酵槽の形状が長円形のドーナツ状である	発酵槽の形状が円形状で、切り返し装置の中心が円形発酵槽の中心と偏心している	レールやガイドに固定されず、自走式、全自動あるいは半自動で撹拌・切り返し、移送を行う方式。発酵槽の形状は堆肥舎の形状が多い	その他、特殊な構造の撹拌装置で撹拌・切り返し、移送を行う方式。発酵槽の形状は堆肥舎の形状が多い	密閉された円筒形の縦型撹拌容器の内部に撹拌および通気装置が設置されている	内壁面に撹拌羽根を取り付けた円筒型容器を、傾斜をつけて横置きにし、ゆっくり回転させる
特徴	ショベルローダーなどにより切り返し・移動をしながら腐熟させる。分解速度が遅いために処理期間が長い。切り返しを適時行うことが重要。堆積高さは1.75～2mのものが多い	無通気型に比べて処理期間が短い。必要通気量は、材料の水分や通気性によって異なるが、100L/分程度で運転される例が多い	直線走行する撹拌機により槽内の材料を撹拌・移送する。撹拌機の構造により、深型および浅型、単列型および複列式がある。切り返し式では、切り返し機が各列に設置されているものと1台で複数列を切り返すものがある	エンドレスともいう。切り返し装置により槽外周ナツ型の槽の側壁レールに沿って直線走行と旋回を繰り返し、材料の撹拌、移送を行う	投入された材料は切り返し装置により槽の外周から中心外ずつ移送され、槽中心底部よりベルトコンベアなどで排出される	自走式撹拌機による材料の切り返し、移送、堆積、あるいはウインドローを形成する。複数の堆肥舎で1台の撹拌機で共用することもできる	堆肥クレーンや通気型スクリューなど	材料の水分が高いと処理能力が低下する。水分により毎日の投入量を調整して材料を投入する。処理日数は通常2週間程度であるが、完熟までは到らないので、乾燥、初期発酵槽として使われることが多い。密閉構造のため、脱臭対策が容易	ロータリーキルンともいう。材料の水分によって水分を調整してから投入する。一般には、5～7日かけて堆肥化する。完熟までは到らないので、前処理、初期発酵槽として使われることが多い。密閉構造のため、脱臭対策が容易
イニシャルコスト	安価	安価	中庸	中庸	やや高い	中庸	中庸	高価	高価
ランニングコスト	安価	安価	中庸	中庸	やや高い	中庸	中庸	高価	中庸
装置の構造、面積	単純、広大	単純、広大	単純、やや広い	やや複雑、やや広い	やや複雑、やや広い	単純、やや広い	単純、やや広い	複雑、狭い	やや複雑、やや狭い
適用畜種	酪農・肥育牛・養豚	酪農・肥育牛・養豚	養豚・養鶏（酪農・肥育牛）	養豚・養鶏（酪農・肥育牛）	養豚・養鶏（酪農・肥育牛）	酪農・肥育牛・養豚	酪農・肥育牛・養豚	養豚・養鶏（酪農）	養鶏
適用施設規模	比較的小規模	小～大	大・中規模	大・中規模	大・中規模	小・中規模	小・中規模	中規模	中規模
作業量	多い	やや多い	少ない	少ない	少ない	少ない	少ない	少ない	少ない

※カッコ内は参考事例
「堆肥化ガイドブック、前掲」

■堆肥化施設の選択では周囲の状況も重要

　「土地が広く、周辺に住居も少なく、切り返しに労力が掛けられる」という条件であれば、広い敷地面積の堆肥舎で、堆肥化材料を最初に混合する施設と組み合わせた堆積方式を薦めます。「土地が狭く、周辺との関係で臭気対策を厳しくしなければならない」という条件であれば、密閉型の発酵槽が合っています。ある種の副資材が地域的に安価で入手できるという条件があれば、それに相応しい堆肥化施設が考えられます。

　堆肥化施設の種類を選ぶに当たっては、施設業者の言うがままにならず、必ず複数の業者から情報を取り寄せ、近くの畜産環境アドバイザー（Q11、20頁）によく相談してから導入するようにしてください。「業者のカタログに長所として書かれていないことは、欠点だと思わなければならない」ということもまんざら間違いではないようです。既存施設の現地視察も重要で、できれば3年以上の実績のある施設が望ましいと考えます。

　堆肥の製造には、堆肥化施設だけでなく、水分調整のための予備乾燥や、袋詰めや成型が必要になることがあります。これらについてはQ98（186頁）およびQ99（187頁）を参照してください。

写真1　開放型堆肥舎

写真2　密閉型堆肥舎

一口メモ

堆肥化施設と「家畜排せつ物法」

　平成16年11月1日から、「家畜排せつ物管理法」が完全施行されました。これによって、家畜ふん尿は不浸透性材料（コンクリートなどの汚水が浸透しないもの）で作った床と、適当な覆いおよび側壁を設けた場所で適正に保管することが義務づけられました。これにともなって堆肥の野積みが禁止されました（Q90、172頁）。

Q13. 堆肥化施設の種類の中でもっとも普及しているものは？

堆肥化施設の種類にはいろいろありますが、もっとも普及しているものは何ですか。

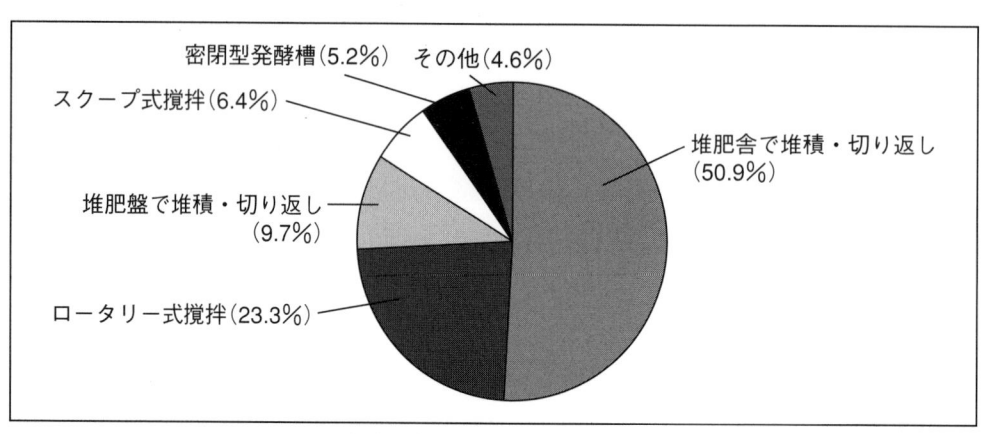

A　堆肥化施設の種類についてはQ12（22頁）で述べたとおりですが、採用されている数は堆肥化方式によって異なります。農水省が全国の2326施設を対象に行った調査（図6）によると、もっとも多かったのが堆肥舎で堆積・切り返しを行う方式で、これに堆肥盤で同様の処理を行っている施設を加えると約6割になり、簡易で低コストな施設がかなりの部分を占めていることになります。ついで、ロータリー式撹拌が多く、スクープ式撹拌方式や密閉型堆肥化方式は5～6％となっています。

- 密閉型発酵槽（5.2％）
- その他（4.6％）
- スクープ式撹拌（6.4％）
- 堆肥盤で堆積・切り返し（9.7％）
- ロータリー式撹拌（23.3％）
- 堆肥舎で堆積・切り返し（50.9％）

図6　各堆肥化方式で、全体に占める割合

「農林水産省、2000」

Q 14. 堆肥化処理施設によって処理条件はどう違うか？

家畜ふんの堆肥化施設の種類は多岐にわたりますが、処理条件はどう違うのですか。それぞれの特徴を教えてください。

A 堆肥化施設や畜種によって、通気性を確保するための水分含量、切り返し回数、通気量などが異なるので、もっとも適した条件で施設を管理する必要があります。表5には、堆肥化方法ごとに堆肥化処理条件を示しました。この表では、通気型堆肥舎、開放型堆肥化装置および密閉型堆肥化装置では一次発酵を発酵槽で行い、二次発酵を堆肥舎での堆積で行うことを前提にしています。これはあくまでも「目安」ですから、各自で工夫して、もっとも適した処理条件を見出してください。

表5 堆肥化処理条件の目安

条件＼施設	堆肥舎	通気型堆肥舎 発酵槽	通気型堆肥舎 堆肥舎	開放型堆肥化装置 発酵槽	開放型堆肥化装置 堆肥舎	密閉型堆肥化装置 発酵槽	密閉型堆肥化装置 堆肥舎
前処理後の水分	牛：72％以下 豚：65％以下 鶏： 〃	牛：72％以下 豚：65％以下 鶏： 〃	—	牛：72％以下 豚：65％以下 鶏： 〃	—	75％以下	—
堆肥水分	30〜70％	—	30〜70％	—	30〜70％	55％以下	55％以下
切り返し回数	1回/月以上	—	1回/月	—	1回/月	—	1回/月
撹拌回数	—	—	—	1〜2回/日	—	20〜40回/時	—
通気量 (m³/分・m³)	—	0.05以上	—	0.1前後以上	—	1〜2	—

※前処理後の水分は副資材の有無および種類によって異なります。Q39(73頁)を参照してください

「中畜マニュアル，前掲」を改変

Q 15. 開放型と密閉型の発酵施設において発酵速度や堆肥の性状にどんな違いがあるか？

開放型と密閉型の発酵施設では、発酵速度や堆肥の性状にどのような違いがありますか。

A 発酵槽が密閉され、排気が一定のところから出ていく構造になっているものを密閉型、それ以外を開放型としています。密閉型には2種類のタイプがあります。1つは縦型や横型の小さな発酵槽で強い撹拌と通気によって3日～2週間で処理する急速発酵タイプ、もう1つは密閉された大きな円形の発酵槽で通常の開放型と同程度の発酵期間で処理する通常発酵タイプです。ですから発酵速度や堆肥の性状は、開放型と密閉型の違いというよりも、急速発酵タイプと、開放型を含めた通常発酵タイプにより違いがあるということになります。

一般に密閉型と呼ぶ場合は急速発酵タイプのみを指すことが多いので、この質問でも密閉型とは急速発酵タイプを指すものとして、急速発酵タイプと通常発酵タイプとの違いを説明することにします。

急速発酵タイプでは、発酵速度を高めているため短い堆肥化期間ですみます。しかし、容積当たりの設置コストが高く、稼働に要する電力も多いため、通常は易分解性有機物が完全に分解するほどの発酵期間をもうけていません。また、乾燥が進むため、発酵が途中で止まることにもなります。このため、急速発酵タイプの堆肥は、取り出した後でさらに発酵処理をきちんとしていない限り、多少未熟であると考えて施用するのが無難です。出来上がり堆肥は、強い撹拌を行っているため、ダマができにくく、乾燥が進みやすいので、さらさらの性状になります。

一方、通常発酵タイプは、きちんとした管理で、発酵温度と堆肥化期間を確保してあれば、易分解性有機物の分解が十分進みます。しかし、管理によってはうまく発酵温度が上がらないということもあり、さまざまな性状の堆肥ができる可能性があります。この点、密閉型の急速発酵タイプにはそうした心配はありません。

発酵槽のタイプの違い

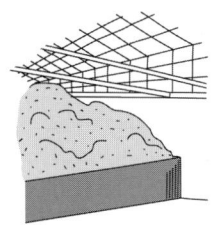

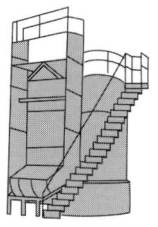

開放型≒通常発酵槽　　密閉型≒急速発酵槽

Q16. 堆肥化施設のタイプに、畜種による向き不向きはあるのか？

> 堆肥化施設のタイプには、畜種によって向き不向きがありますか。

A 畜種によってとくに決められた堆肥化施設があるわけではありません。Q12・図5(23頁)にあるように、堆肥化施設にはいろいろなタイプがありますから、どれにすればよいのか迷ってしまうのも当然です。基本的には設置面積、原料と堆肥の出し入れの配置、副資材の入手の難易性、堆肥作りに掛けられる手間や資金、周辺の耕種農家がどのような堆肥を望んでいるかなど、様々な要因によって選べる施設のタイプはおおよそ決まります。とくに堆肥の販売を考えれば、事前の市場調査も重要です。このように、畜種以外の条件で決まる部分が大きいのですが、施設を選択する上で畜種によって注意しておくべき点がいくつかあります。

酪農の場合は、毎日定期的に除ふん作業をするのが一般的ですから、これに合わせた堆肥化施設がよいと考えられます。つまり、除ふん作業をしたら、ふんができるだけ新鮮なうちに堆肥化施設に投入した方が、臭気対策などの点で望ましいのです。このため、毎日の発生量を単位として管理ができる施設を選ぶのも1つの手段でしょう。乳牛ふんは他の家畜に比べて水分が高いため、副資材が不足するようなら前処理として乾燥施設を加えることも検討すべきです。採草地等への自家消費が中心の堆肥化であれば、品質よりもできるだけ安く、手間を掛けずに堆肥を生産できることが施設選択の第一条件になることもあります。乳牛や肉牛では、敷料のわらや食いこぼしの粗飼料などの「ながもの」が含まれているため、ロータリー型の撹拌装置などでは絡み付き、トラブルの原因になります。ですから、装置の運転を阻害しない機種を選ぶことが大切です。敷料やわらが装置に絡まないように、かつ敷料効果もあげられるように、わらを適当な長さに切断して使うなどの工夫をしている農家もいます。

豚では、切り返しが不十分だと悪臭が発生しやすいので、切り返しに十分な労力が掛けられないなら、機械で自動撹拌されるタイプを選ぶべきです。また、踏み込み式の発酵床豚舎もみられますが、労力と臭気の軽減も、1つの選択肢となります。

鶏では、臭気がきつくなりがちですから、脱臭装置と組み合わせやすいタイプ(密閉型など)というような選択基準が考えられます。

堆肥化施設のタイプ別の特徴やコストについては、(財)畜産環境整備機構から「施設・機械選定ガイドブック(堆肥化処理施設編)」が刊行されていますから、そちらを参考にしてください。

Q 17. 堆積高 50 cm の施設では堆肥発酵は無理か？

> ハウス内に深さ 50 cm 程度の発酵槽を設け、浅型ロータリー撹拌機で堆肥化を行っています。撹拌しても発酵温度が 40℃前後しか上昇せず、堆肥の水分減少も少なく、とくに冬期に水分減少率が低くなります。浅型発酵槽では十分な堆肥化発酵は望めないのでしょうか。

A 堆肥の深さが 50cm でも十分発酵は進みます。昔から、家畜ふんの乾燥に、堆積高 30 cm 程度の浅型ロータリー撹拌機で撹拌移送する乾燥ハウスが使われていたため、堆積高の浅い施設は乾燥施設で、深い施設が堆肥化施設であると多くの人が思っています。しかし、堆肥発酵の条件は通気性を確保することですから、施設が浅いから発酵しないと考えるのは間違いです。

乾燥ハウスは、家畜ふんを前処理せずにそのまま投入していたために発酵しなかったまでのことです。水分が低すぎないこと、通気性があることが発酵の基本条件ですから、発酵には槽の深さはあまり関係ありません。それどころか、**Q39・写真4（73頁）** に示したように新鮮な空気がとどく表面部分が発酵するので、堆肥発酵だけをみれば、浅い方が適しているということもできます。ただし、堆積高が 10 cm 程度しかない施設では、放熱の方が盛んで温度が上昇しないため、堆肥化には適していません。

▋前処理と撹拌が適当か確かめる

質問の場合、深さが 50 cm ですから、発酵温度を上げるのに十分な深さがあります。発酵温度が上昇しないのは、投入ふんの前処理が不適切、発酵槽の撹拌頻度が少ないために酸素が不足している、あるいは、逆に撹拌頻度が多すぎるために発酵熱が逃げてしまっている、などが考えられます。

まず、**Q39（73頁）** および **Q41（78頁）** にしたがって、水分や容積重が適正になるように副資材を混合して投入してください。初日から活発な発酵が始まり、翌日の撹拌前の内部温度は 50℃を超えると思います。ぜひ試してみてください。

寒冷期での発酵温度の確保と乾燥しすぎに留意

　寒冷期にはせっかく発生した熱量が外部に放散されてしまい、堆肥の温度が十分に上がらないことがあります。堆肥化の基本条件として、温度を上げて病原性微生物や雑草の種子を死滅させることがあるので、保温対策などを行い発酵温度の確保には十分留意してください。

　また、浅型発酵施設では、発酵温度が上がるようになると乾燥が促進されるので、乾燥しすぎによる発酵停滞(**Q47**、**87頁**)に注意してください。浅型発酵施設は、発酵と乾燥との折衷技術と考えればよいのです。

　冬期は天日による水分の蒸発量が夏期の1/4程度になるため、堆肥の水分減少率の低下は避けることができません。

Q 18. 通気施設を設置する場合に気をつけることは何か？

> 通気施設を設置するときに気をつけなければいけないことは何ですか？

A 送風のための電気代は軽視できません。通気すれば、堆肥化期間を短くでき、その分、施設規模を小さくできます。今日のように飼養頭羽数が拡大した畜産において、大量のふん尿が毎日排せつされる条件の下では、通気は不可欠とさえいえます。しかし、強制通気する堆肥化施設では、送風のための電気代が堆肥化にかかる電気代の半分以上を占めるようになります。送風を行うかどうかは、効果とそれにかかる経費の兼ね合いで、十分な検討が必要です。

通気管理には手間が掛かる

強制通気する場合は、管理にそれ相応の手間が掛かります。通気管や通気口の詰まりを取るなど、送風機のメンテナンスが必要になります。また、きちんと通気されるように、堆積にも注意が必要です。堆積型の場合は強制通気しているからといって放置できるわけではなく、数度の切り返しは必ず行わなければなりません。

送風施設の選定、工事はアドバイザーに相談

送風機は、静圧200 mm水柱のときに、堆積物1 m^3 当たり毎分50L程度の送風が可能なものを選定する必要があります。必要もないのに、高圧大風量の送風機を設置している例が多くみられますので注意してください。導入コスト、電気代とも無駄が多くなります。設置する場合に、適切な能力のものを選んでください。また、送風配管は清掃が容易で、詰まりにくく、堆積物全体に均等に送風できるような構造にしなければなりません。通気口の配置にも気をつける必要があります。**Q55**(100頁)を参照してください。また、曲がりの部分を緩やかにすると、送風の効率が上がります。このように、普通の配管工事とは異なるので、近くの畜産環境アドバイザーに相談して、業者への指示を頼むとよいでしょう。

第 2 章　堆肥化施設

19. 堆肥化施設の処理能力を増強することは可能か？

家畜を増頭したいのですが、堆肥化施設を増設する場所がありません。施設を増設しないで処理能力を上げる方法はないでしょうか。

堆肥化を促進させる手段はいろいろあります。堆肥化に必要な期間（日数）は堆肥化の条件によって大きく異なります。現存の堆肥化施設の能力が十分に発揮されているかどうかによりますが、堆肥化条件を改善して現在よりも堆肥発酵を促進することができれば、堆肥化に要する日数を短縮でき、家畜の増頭が可能です。処理日数を短縮する手段としては、以下のことが考えられます。
①切り返しの回数を増やす
②発酵槽の底部から送風する
③堆積の高さを低くする
④副資材を増やして比重を軽くする

③および④の手段では、必要処理日数が短縮されても施設面積の減少にはつながらないため、既存施設の処理能力を増強することはできません。したがって、①および②の手段を取ることになります。

■堆肥化の処理能力を高める余地はある

これまでの経験では、堆肥化処理の管理法を変えただけで、かなり処理能力を高めることができた施設が多くあったので、増強する余地はあります。現在の施設で「温度の立ち上がりはすばやいか」、「乾燥気味で、分解が停滞しているところはないか」、「持ち込む家畜ふんの水分が高すぎて、副資材の所要量が多すぎないか」などをチェックしましょう。改善の余地が発見されるはずです。近くの畜産環境アドバイザーに相談し、具体的な条件で既存施設の処理能力を計算してもらうとよいでしょう。

堆肥を使うユーザーが、現状のような日数を掛けた堆肥を望んでいるかどうか検討することも意味があります。必要以上に時間を掛け（コストを掛け）て、堆肥化しているケースがかなりみられるからです。

「○○菌を使えば処理能力が2倍になる」などの怪しげな話も横行していますので注意してください。

Q20. 堆肥化に必要、もしくはあると便利な機材や道具は？

> 堆肥化の前処理や発酵管理で必要な機材や道具にはどんなものがありますか。あると便利なものについても教えてください。

A 堆肥化の前処理や発酵管理で必要なもの、あるいはあると便利なものには以下のようなものがあります。できるだけ備えてください。

温度計
堆肥化の温度管理ではなくてはならないものです。堆肥の深部(深さ40～100 cm程度)まで測る必要があるので、長さが100 cmほどの堆肥用として販売されているものを使うと便利です。堆肥化の目的とする部位の温度を継続的に測定、記録し、パソコンに転送してデータ処理のできる装置でも安価なものが販売されています。

バケツと重量計
堆肥化材料の容積重を量ります。バケツは10～20Lのものが適当です。このバケツに前処理した堆肥化材料をすり切り一杯入れ、重さを量ります。重量計は、最大30 kg程度まで量れるものが適当です。容積重の量り方は、**Q42(80頁)** を参照してください。

ディスポ手袋
堆肥をギュッと握って、水分のしみ出し具合から水分含量がある程度分かります。手袋をした方がしみ出し具合が分かりやすいことに加え、衛生面からも有効です。

日誌
機材や道具ではありませんが、どこの発酵槽に、どんな原料をいつ入れたのか、いつ切り返しをしたのか、といった日々の作業を記録することは、製品管理をすることでもあり、問題のない堆肥を作るための重要なポイントです。

デジタルカメラ
日誌とペアになるものです。堆肥や施設の状態を撮影しておくと、後でどのような状態の時があったのかを思い出す材料になります。いつの間にか以前よりも悪くなっているのに、気づかなかったということがあります。日誌と写真があると、早く気づくことができます。また、堆肥センターなどに見学に行った際や、店頭で販売堆肥を撮影するとよい記録になります。撮影の基本は、説明文なしでも、写真を見れば何を記録したいと思ったのかが分かるようにすることです。ある部分を撮るときは、全体を撮ってからその部分に近づいて撮ると、後で見たときに分かりやすいです。

第3章

副資材・微生物資材等

Q 21. 副資材の種類と特徴は？

副資材の種類にはどんなものがありますか。それぞれの特徴も教えてください。

A 家畜のふん尿は一般に水分含量が高いため、通気性が悪く、そのままではなかなか発酵が進みません。そこで副資材を混合して通気性を高めます。副資材には種々のものがありますが、主なものを**表6**に示しました。

農業副産物(残渣)

　稲わら・麦稈(かん)やモミ殻は昔からよく用いられています。易分解性有機物が少なく、窒素含量が低い(C/N比が高い)ので、これらと牛ふんを組み合わせると窒素成分の低い、土壌改良に向く堆肥を作ることができます。わら類は細断する必要がある場合があります。

木質系副資材

　オガ屑やバークがあります。難分解性有機物を多く含み、堆肥化しても有機物がかなり残りますが、畑に施用しても急激に分解が進むということはないので、問題はありません。土壌に施すと腐植質として、土壌改善に役立ちます。需要の多い地域での入手が困難な場合もあります。

　一部の樹種のバークやオガ屑には生育阻害物質が含まれるとされています。しかし、従来、生育阻害物質による影響と考えられていた原因の大部分は、実はバークやオガ屑のC/N比が、わらやモミ殻に比較して著しく大きいことによるものだったことが明らかにされています。堆肥のC/N比が大きい場合に生じる「窒素飢餓」が、生育阻害物質と混同されていたのです。

無機資材

　通気性の改善には効果が大きいのですが、一般に高価です。**Q22**(39頁)も参照してください。

戻し堆肥

　副資材が入手しにくくなっていることから、低水分にした堆肥を再び副資材として使う「戻し堆肥」の利用が増えています。「戻し堆肥」の水分は、50％以下、できれば40％以下にしないと混合量が増えてしまい、副資材としての効果はあまり期待できません。冬期の「戻し堆肥」の水分をいかに低くするかが課題であり、**Q29**(53頁)も参照してください。「戻し堆肥」を繰り返すと、粉状となって物理性が悪くなるので、繰り返し使用には工夫が必要です。

第3章 副資材・微生物資材等

表6 主な副資材とその特徴

資材	容積重 (kg/m³)	利点	欠点	備考
稲わら・麦稈	70	①通気性の改善効果が大きい ②分解が比較的容易	①収集時期が限定される ②収集作業量が大きい ③施設によっては細断が必要	①収集作業の共同化（機械化）が必要 ②粗飼料として利用される場合が多い
モミ殻	90	①未粉砕物は吸水性が低いが通気性の改善効果が大きい ②粉砕物は吸水性が高いが通気性の改善効果は低い	①粉砕にはコストがかかる	①共同乾燥施設で発生するモミ殻の有効利用が必要
オガ屑・バーク	200〜250	①通気性の改善効果が大きい ②吸水性が高い ③年間通して入手できる	①高価となり、次第に入手が困難 ②作物の生育阻害物質を含む場合がある	①常時、定量供給可能な入手先の確保が必要
無機資材（パーライト、バーミキュライト等）		①通気性の改善効果が大きい ②吸水性が高い ③安定して入手可能	①高価である	①家畜のふんの水分低下をはかり、高価な資材の使用量を少なくする ②高品質堆肥を生産し高価で販売できるようにする ③分解しない
戻し堆肥	300〜600	①通気性の改善効果が大きい（低水分の場合） ②吸水性が高い（低水分の場合） ③比較的確保しやすい	①高水分だと通気性の改善効果が低い ②分解によるエネルギー発生はほとんどない ③販売できる製品が少なくなる ④できあがり堆肥のミネラル濃度が高くなる	①冬期対策として戻し堆肥の水分を低下させる乾燥施設を設けることが望ましい ②共同処理施設などでは導入例が多い

「中畜マニュアル，前掲」改変

■古畳を原料とする稲わらには注意が必要

　古畳を原料とした稲わらから有機塩素系殺虫剤BHCが検出されたとの新聞報道がありました。BHCの他にも、有害物質として使用禁止された農薬のDDT、アルドリン、エンドリン等が含まれている可能性もあるので、堆肥化の副資材として使用する場合には、これらが検出されないことを確認してください（農水省生産局長通達、平成14年4月）。

一口メモ
廃木材の使用は安全性のチェックが必要
　副資材として廃木材を用いることがありますが、安全性のチェックが必要です。廃木材はシロアリ駆除剤、防腐処理剤、合板の接着剤、ペンキ類が使用されている可能性があり、これが堆肥化や製品堆肥に悪影響を及ぼす恐れがあります。

副資材に何を使うか？

Q22. 副資材にゼオライトなどの鉱物質資材を使うメリットは？

堆肥化時の水分調整用副資材としてゼオライトなどの無機質資材がありますが、これを使うメリットと使用上の注意について教えてください。

A 鉱物質副資材にはいろいろな種類があり、その性状、堆肥化効果も異なります。その資材の特徴をよく踏まえて使うようにしてください。

ゼオライトは堆肥化の副資材に向かない

ゼオライトは多孔質の鉱物で、臭気の吸着材や脱臭装置の充填材として使用されることがあるため、堆肥化時の臭気を抑える効果（抑臭効果）があるのではと思われがちです。しかし、ゼオライトの臭気吸着量には限りがあるため、堆肥化時に発生する多量のアンモニア臭を抑えることはできません。また、多孔質内の酸素はすぐに消費されてしまうため酸素供給の役にも立ちません。

ゼオライトは低水分なので、これを混合すれば計算上の水分調整能力はあります。しかし、混合しても空気が浸透する隙間ができないので、好気性発酵である堆肥化の副資材には向きません。

Q41（78頁）で詳しく述べましたが、堆肥化の条件は水分調整ではなく、通気性を高めるために、比重を調整することが重要ですから、比重が重くて比重調整能力の低い無機質（ゼオライト、土、砂など）は副資材としては適さない資材です。

パーライトやバーミキュライトは有効だが、コストが高い

鉱物系資材にパーライトやバーミキュライトがあります。これは岩石を高温で膨化処理したもので、原石に較べて10倍以上もの容積があり、十分に軽量です。現在は、土壌改良材として使われていますが、これらは微生物による変化を受けませんから、土壌改良材として使う前に堆肥の比重調整に使うという考え方も成り立つでしょう。ただ、コスト面で難があるので、生産される堆肥には余程の付加価値を付ける必要があります。

Q23. 副資材として使用するモミ殻の粉砕は必要か？

> 水分調整材としてモミ殻を使っています。モミ殻そのものでは吸水性が悪いため、粉砕して使っていますが、粉砕の電気代と粉砕機のメンテナンス、粉塵などで悩んでいます。モミ殻は粉砕が必要なのでしょうか。

A モミ殻の粉砕は必要ありません。なぜなら、副資材を使うのは水分調整が目的ではなく、堆肥化材料の空隙を大きくして空気の流通をよくするためだからです。未粉砕モミ殻の方が空気の流通が高まります。

堆肥発酵とは、家畜ふん中の易分解性有機物を好気性微生物が空気（酸素）を利用して分解することです。土や砂を混合して水分をいくら調整しても、通気性が改善されなければ堆肥発酵はスタートしません。

粉砕モミ殻は、畜ふんと馴染みやすいため、同重量の未粉砕モミ殻を混合した場合と比較すると空気の浸透が悪くなります。このため、逆に、堆肥発酵が遅れる可能性があります。モミ殻の粉砕をしないことが、質問の悩みを一挙に解決する最良の対策です。

モミ殻の粉砕は、堆肥化を促進するというよりも、生産された製品堆肥の見栄えをよくするという意味合いが大きいと考えられます。

■モミ殻の粉砕と未粉砕の比較

図7は、モミ殻を粉砕した場合と粉砕しない場合の堆肥の初期発酵に及ぼす影響を調べたものです。乳牛ふんを未粉砕と粉砕（平均粒度0.94mm）のモミ殻で、水分が70％と75％となるように水分調整し堆積直後から48時間までの有機物の分解速度を「コンポテスター」（**Q66参照、124頁**）の酸素消費量で測定しました。いずれも堆積後6時間程度で発酵が始まり、その後有機物の分解は順調に進みました。48時間後の有機物分解量（酸素消費量の積算値）は、粉砕、未粉砕とも水分70％が高く、水分75％では粉砕処理でかえって未粉砕よりも低くなりました。モミ殻粉砕で水分が75％と多い場合には、ダンゴ状に固まる現象が認められ、これにより通気性が悪く

■■第3章 副資材・微生物資材等■■

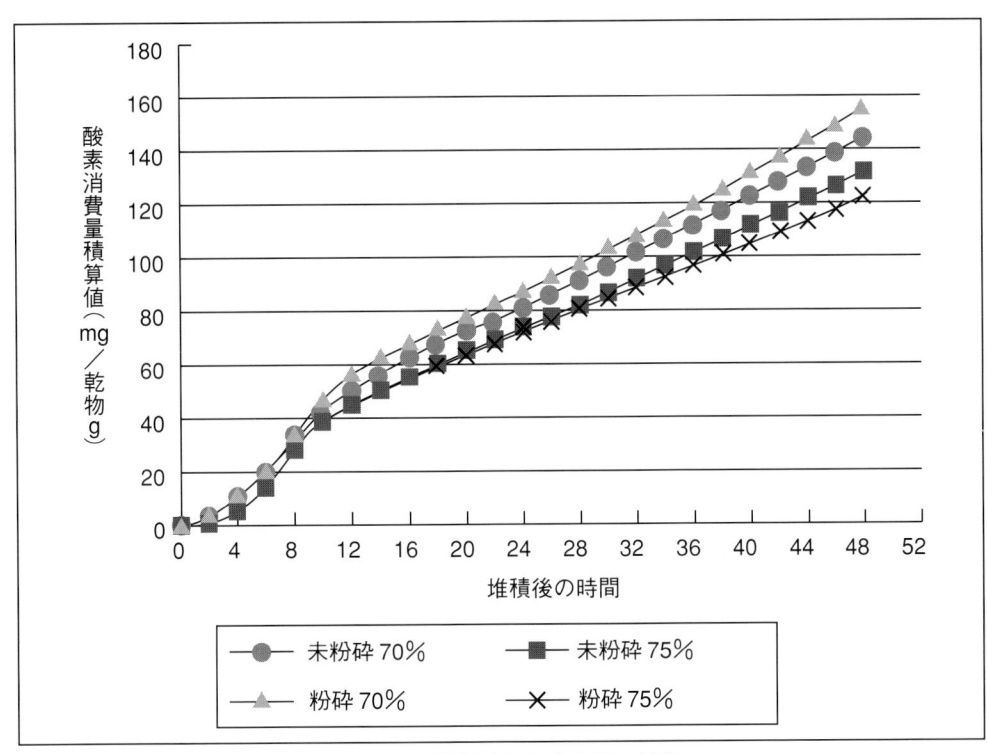

図7 モミ殻粉砕と水分含量の効果

なり、有機物の分解が遅くなったと考えられます。

　これまでの教科書の多くには「モミ殻そのものの水分吸収能力は低いので、副資材として使用する場合には、破砕(粉砕)処理が必要である」と書かれていますが、出来上がった堆肥のみばえが気にならないのなら、粉砕する必要はありません。

Q24. 副資材の種類によって堆肥化の期間が異なるのはなぜ？

> 堆肥化の副資材にオガ屑やバークを使っています。このような堆肥化は、「戻し堆肥」を副資材に使う畜ふんだけの堆肥化よりも腐熟に長い期間が必要といわれていますが、なぜですか。

A 堆肥化にかかる期間は、堆肥の腐熟をどこまで進めるかで決まります。オガ屑やバークを副資材に使っても、一概に腐熟に長い期間が掛かるとはいえません（**Q27** 参照、48 頁）。

堆肥化期間ではなく、易分解性有機物と生育阻害物質の消失が目安

　堆肥化の主な目的は、高温期を経過することによる病原性微生物や寄生虫卵、雑草種子の死滅とともに、易分解性有機物と生育阻害物質の消失です。この過程で、ふん尿の持つ汚物感もなくなります。最低これらの条件が満たされれば、かなり汎用性のある堆肥として使うことができます。この段階で、堆肥を耕種農家に引き渡し、作物や目的に合うように耕種側で加工することも行われています。高温発酵終了後、さらに堆積発酵を続けることが普通に行われていますが、どの程度の期間行うかの指標はとくにありません。

　易分解性有機物および生育阻害物質の有無の測定方法については、それぞれ **Q66**（124 頁）および **Q73**（136 頁）を参照してください。

木質系副資材の堆肥化期間は長くする必要があるか

　オガ屑やバークのような木質系副資材や稲わら、モミ殻のような作物収穫残渣を使う堆肥化は、畜ふんのみ（「戻し堆肥」も含む）の堆肥化よりも長い発酵期間が必要とされています。

　その理由の1つは、オガ屑などに含まれる有機物が畜ふんに比べて難分解性である

ことですが、一次発酵で易分解性有機物が十分に分解されていれば、堆肥化過程で難分解性有機物を必ずしも分解させることはないのです。

　オガ屑やバークの有機物はきわめて難分解性であるため、家畜ふんのみでの堆肥化期間の2～3倍程度では、とても分解を終了することはできません。

　2つめの理由として、木質系資材にはフェノール類等の生育阻害物質が含まれているため、堆肥化期間を長くしてそれらを分解させることがあげられていましたが、生育阻害の大部分は、木質系資材の高いC/N比にもとづく「窒素飢餓」に起因していたことが明らかにされています。生育阻害物質については**Q73（136頁）**、窒素飢餓については**Q44（84頁）**を参照してください。

堆肥化期間の決定では、堆肥ユーザーの要望をつかむ

　堆肥化の期間を長くすると、製品のコストに直に反映するため、長ければ長い程よいというわけにはいきません。あらかじめ堆肥のユーザーを想定して、そのユーザーの堆肥に対する要望をつかむのが先決です。

　それに合致した堆肥を生産するために、畜種、副資材、堆肥化施設の種類、切り返し頻度、堆積高、通気の有無などの各種堆肥化条件を勘案して堆肥化期間を決めるのが、無駄がなくてよいと思われます。

　特定のユーザーがいない場合には、一次発酵が終了すれば、その後はさらなる有機物の分解で日数を掛けるというよりも、水分を減らす、篩い分けを行う、ペレット化するなど、商品としての見栄えや取り扱い性を高める努力をする方が効果的です。

Q 25. 浄化槽から出る余剰汚泥を堆肥に加えるときの注意点は？

浄化槽から出る余剰汚泥を堆肥原料に投入したいと思います。どのような点に注意すればよいでしょうか。

A 汚水処理施設から出る余剰汚泥を原料に混ぜて堆肥化する場合で、水分が高く凝集剤を使用している場合では、粘性があって空隙ができにくいなど、発酵させにくいケースがほとんどです。そのため、余剰汚泥を堆肥化原料に加える場合には副資材を十分に用いたり、あらかじめ余剰汚泥を乾燥させたりするなどの対処が必要になります。

余剰汚泥を固液分離する際に凝集剤を使用している場合は、それがPAC(ポリ塩化アルミニウム)系でないことを確認してください。PAC系の凝集剤は、アルミニウムを主原料としており、これを農地に施用するとリンと結合して植物の生育を阻害する恐れがあります。

余剰汚泥を混ぜた堆肥を販売する場合は家畜ふん堆肥(特殊肥料)でなく、普通肥料としての登録が必要となるので、注意が必要です。ただし、家畜ふん尿のみを処理している浄化槽の余剰汚泥を凝集剤を使わずに固液分離して加えている場合は、家畜ふん堆肥(特殊肥料)として販売できる場合もあるようです。自家施用の場合は問題ありませんが、耕種農家に無料で譲渡する場合でも特殊肥料の届出もしくは普通肥料の登録が必要です。

余剰汚泥を発酵させるには水分調整が必要です。

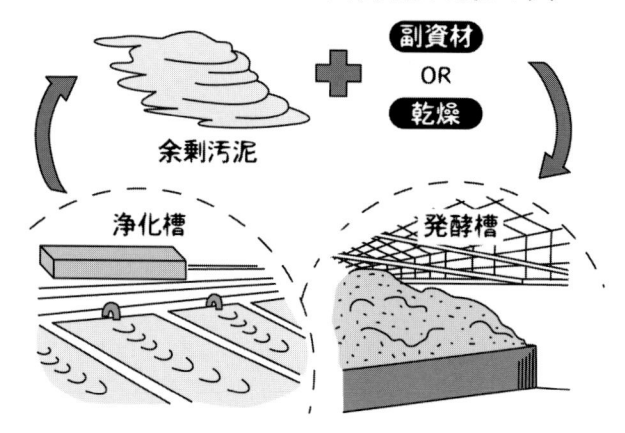

Q26. 微生物資材(発酵菌)は堆肥化を促進するか。また、嫌気性菌製剤には効果があるか?

> 堆肥発酵を促進する微生物資材(発酵菌)はたくさんありますが、本当に堆肥化を促進するのでしょうか。また、嫌気性菌製剤に、効果はありますか。

A 確かに、町の発明家や○○微生物研究所、さらには大学の先生や大手企業などが発見したという微生物資材(発酵菌)が次々と雑誌や新聞に取り上げられ、販売されています。これら微生物資材(発酵菌)には、高温発酵菌、低温発酵菌、好気性菌、嫌気性菌、特殊菌、有効菌、土着菌、土壌菌、乳酸菌、放線菌、納豆菌、古草菌、発見者のイニシャルなどから名付けた△△菌など、様々な資材があるため、迷ってしまうのは当然のことだと思います。どんな菌が入っているのか明らかな微生物資材もありますが、不明なまま利用されているものも多くあります。どんな菌がどのくらい入っているのか分からず販売されているような資材には、「製品管理すらきちんと行われていないのではないか」と、疑いたくなるものもあります。

■堆肥発酵に必要な菌は家畜ふん中にも十分いる

家畜ふん中には、堆肥発酵に必要な微生物や養分が十分に含まれていますから、水分と比重を調整し、通気性を確保してやれば、活発に発酵を始めます。発酵を促進する目的で、微生物資材(発酵菌)を購入して添加する必要は全くありません。

■特殊な菌は特殊な条件でしか生きられない

ふんや堆肥の中にいる菌ではなく、初めて発見された特殊な菌、もしくは特殊な条件で培養した特別な菌が市販されている例もあります。特別な菌を特別な環境から探し出し、仮にその菌が特別な能力を有しているとしても、特別な環境でしか生存できない特殊菌はその生存条件に合わないと活躍できません。特別な菌は普通の環境では、普通に増える菌には勝てませんから、よほど大量に添加しない限り効果は期待できません。よく、「100億個もの菌が含まれています」というような宣伝文句を見かけます

が、ふんの中には、1g当たりにその10倍以上の菌がいます。その多くは嫌気性菌ですが、好気性菌も多くいて、酸素がある環境になると盛んに増殖を始めます。ですから原料の数％を超える微生物資材を加えるならば、何らかの変化を期待できるかもしれませんが、実際にはコストの問題で、それができる場合はまれでしょう。

■微生物資材がなくても立派に堆肥化している

ほとんどの堆肥センターや畜産農家では微生物資材（発酵菌）を利用せず立派に堆肥化を行っているのですから、微生物資材（発酵菌）を利用しなくとも良好な堆肥化が可能であることは既に全国で証明されています。

■「効果」は増量剤によることが多い

微生物資材には多くの場合、微生物の他に増量剤として米ぬかなどが添加されています。これらの増量剤には一般に堆肥の発酵促進効果があるため、微生物資材に効果があったとしても、実は増量剤の効果によることが多いと考えられます。

■「種菌」が必要な場合もある

家畜ふん堆肥の場合は問題になることはありませんが、食品残渣のような微生物源に乏しい堆肥化材料では「種菌」の添加が有効なこともあります。この場合でも堆肥化が完了した堆肥を「種菌」として添加すればすむことで、特別な微生物資材は必要ありません。堆肥は、安くて効果の期待できる「微生物資材」といえます。

最近、出来上がり堆肥に放線菌などが多く含まれるように調整することで、植物の病気を抑える効果を付加できることが分かってきました。しかし、これまで述べてきたように、そのような菌を「種菌」として添加しても十分な管理ができない限り、特定の菌を安定して増やすことはできません。

■嫌気性菌製剤の添加効果

前処理により通気性が確保され、堆積物を毎日撹拌して発酵熱が発生している状態では、嫌気性菌は活動しないため、嫌気性菌製剤を添加する意味は全くありません。

二次発酵槽での数ヶ月にわたる堆積期間中は、通気がなければ内部が嫌気性になるため、嫌気性菌が活動する条件ができます。しかし、ここで嫌気性菌が活発になるようでは一次発酵が十分になされていないということですから、まず、そこを改善すべきです。もし、どうしても二次発酵で嫌気性菌を作用させたいならば、最初から加えるのではなく一次発酵の熱が下がってから加えるようにしないと、熱で死滅してしまいます。また、嫌気性菌が活動する環境はサルモネラや病原性大腸菌O-157なども増殖できますから、十分な注意が必要です。堆肥化では、嫌気性菌が働けないような好気的条件を作り出すことがカギであることを理解してください。

第4章

堆肥の管理

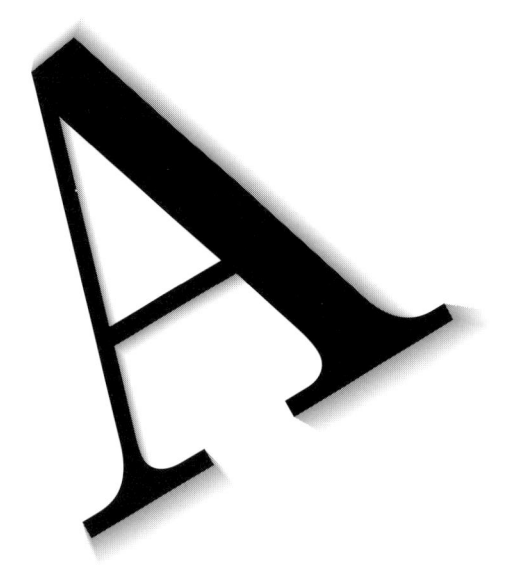

Q27. 堆肥化の必要日数は？

> 豚ぷんにオガ屑を混合して水分含量を調整し、堆肥舎で堆積して堆肥化したいのですが、堆肥化に必要な日数はどのくらいでしょうか。底部からの通気があり、切り返しは週に1回行う予定です。

A よくある質問ですが、大変答えにくい質問でもあります。1つには、同じ堆肥化材料を使ったとしても、堆肥化処理の施設の種類や管理方法によって腐熟の進行具合は大きく異なるからです。堆肥化材料が異なればなおさらです。

もう1つ、Q76（144頁）にあるように、作物によって腐熟に対する要求が異なることがあります。高温発酵を経過し、堆肥の汚物感が取り除かれ、病原菌や雑草種子の発芽の心配がなくなれば、それで十分堆肥として使える作物もありますが、長期間を掛けてさらに腐熟が進んだ堆肥でないと受け付けない作物もあります。

ですから、堆肥化に要する日数は一概にはいえないのです。教科書によっては堆肥化に必要な日数として、具体的に示しているものもありますが、その場合でもあくまでも「目安」であると断っています。

■堆肥化の目安を日数に頼るのは危険

水分の供給と通気が適度であれば、堆肥舎での堆積でローダーによる切り返しの場合、1～2ヶ月で高温発酵期は過ぎ、切り返しても高い温度上昇がみられなくなるのが普通です。

自動撹拌装置が付いた施設で丁寧に管理すれば、これより早くなります。こうなれば易分解性有機物は十分に分解されており、これを畑に施用しても有機物が急激に分解するようなことはありません。

この時点では、Q68（128頁）にあるように「コンポテスター」の値は「3」以下になっているはずです。ところが通気が十分でなくて嫌気発酵したり、途中で乾いて発酵が止まってしまった堆肥では、有機物の分解があまり進みませんから、2ヶ月以上が経っても「コンポテスター」の値が「10」以上といった堆肥がまれにはあります。

堆肥化は日数さえ掛ければそれでよいというものではありません。条件次第で、いくらでも変わるので、堆肥化の目安を日数だけに頼るのは危険です。

堆肥化日数は、「作物や堆肥のユーザーが求める堆肥になるまで」と考える

　堆肥化に必要な日数は、堆肥の生産者がこれでよいと決めるのではなく、施用する作物を考え、堆肥のユーザーが求める堆肥になるまで日数をかけるというのが正しいと思われます。

　ユーザーによっては、熟度よりも安価な堆肥、逆に高くても腐熟が十分に進んだものなど、求める堆肥は多様です。特定のユーザーがいる場合には、その注文に合わせて堆肥化の日数を決めればよいのです。

28. 堆肥舎の面積はどれくらい必要か？

堆肥舎に必要な面積の計算方法を教えてください。

A 堆肥化施設の種類によって異なるので、豚ぷんにオガ屑を混合して水分含量を調整し、堆肥舎で堆積して堆肥化する場合について考えてみます。豚の頭数は肥育豚で2000頭とします。

■堆肥化材料である豚ぷん（生）量を把握する

まず、把握しなければならないのは、1日にどれだけの豚ぷんが排せつされているかです。豚の発育ステージや飼料によっても変わりますが、一応の基準を**表7**に示しました。肥育豚のふん量は、1頭で2.1 kgですから、2000頭では4200 kgとなります。そのほかの畜種についても表7を参考にしてください。

表7　畜種別の処理対象ふん尿量と水分含量

畜種		ふん量 （kg/頭・日 g/羽・日）	ふん水分 （％）	尿量 （kg/頭・日 g/羽・日）
乳用牛	搾乳牛 育成牛	36〜54 16	84〜86 78	14〜17 7
肉用牛（ふん尿混合物）		20	81	—
豚	子豚 肥育豚 繁殖豚	0.6 2.1 3.0	75 75 72	0.9 3.6 7.0
採卵鶏	低床式鶏舎（毎日除ふん） 低床式鶏舎（週1回除ふん） ウインドレス鶏舎（予備乾燥装置付） 高床式鶏舎	140 120 75 42〜50	78 75 60 40〜50	— — — —
ブロイラー（出荷羽数当たり）		2.0	35	—

「畜環設計・審査，前掲」

水分調整材の量を計算し、堆肥化材料の容積を求める

ここでは、オガ屑を用いて水分を 62 ％に調整することにします。必要なオガ屑の量は、**Q40**（76 頁）で豚ぷん 1000 kg に対してオガ屑は 351 kg ですから、1474 kg となります。

● 堆肥化材料（1 日当たり）

豚ぷん（生）4200 kg（容積重を 0.9 t/m³ とすると、4.2 t ÷ 0.9 t/m³ で 4.7 m³）
オガ屑（水分 25 ％）1474 kg（容積重を 0.25 t/m³ とすると、1.474 t ÷ 0.25 t/m³ で 5.9 m³）

合計（混合物）5674 kg

堆肥化混合物全体の容積は、**表8**から知ることができます。水分調整後の容積重は、水分含量 62 ％、堆積高が 200 cm の場合は 0.68 ですから、8.34 m³（＝ 5674 kg/0.68）となります。ただし、この表8の容積重は豚と鶏を対象として作られたものです。乳

表8　水分調整後の堆肥原料の容積量

(kg／m³)

種類＼高さ＼水分 %	オガ屑添加 50cm	100cm	150cm	200cm	250cm	未粉砕モミ殻添加 50cm	100cm	150cm	200cm	250cm	戻し堆肥添加 50cm	100cm	150cm	200cm	250cm
40	400	400	400	400	400	400	400	400	400	400	430	480	520	560	590
42	〃	〃	〃	〃	〃	〃	〃	〃	〃	〃	450	500	540	580	610
44	〃	〃	〃	〃	〃	〃	〃	〃	〃	〃	460	510	560	600	630
46	〃	〃	〃	〃	〃	〃	〃	〃	〃	〃	480	530	580	620	650
48	〃	〃	〃	〃	〃	〃	〃	〃	〃	〃	500	560	610	650	680
50	〃	〃	〃	〃	〃	〃	〃	〃	〃	〃	530	580	630	670	710
52	〃	〃	〃	420	440	〃	〃	〃	〃	〃	540	600	650	690	720
54	〃	420	450	470	490	〃	〃	〃	〃	〃	560	620	670	710	740
56	430	460	490	510	540	410	410	420	430	430	600	660	730	750	770
58	470	510	530	560	590	420	440	460	480	490	660	720	780	780	790
60	510	550	580	610	640	440	470	500	530	560	710	780	800	800	800
62	590	640	670	680	700	520	560	600	640	650	750	790	〃	〃	〃
64	670	730	760	760	770	610	660	710	750	750	780	800	〃	〃	〃
66	720	780	800	800	800	670	730	770	800	800	800	〃	〃	〃	〃
68	760	790	〃	〃	〃	720	770	790	〃	〃	〃	〃	〃	〃	〃
70	790	800	〃	〃	〃	770	800	800	〃	〃	〃	〃	〃	〃	〃
72	800	〃	〃	〃	〃	800	〃	〃	〃	〃	〃	〃	〃	〃	〃

注）　千葉県畜産センターの成績から作成（豚ぷん・鶏ふんを材料とした成績であるため牛ふんには適用不可）

「中畜マニュアル，前掲」

牛や肉牛ふんの場合は同じ水分含量でも容積重は低くなりますが、本表の容積重の70～80％になると考えて大きな間違いはありません。

●堆肥化必要日数と堆肥容積、体積高さから堆肥舎の堆積面積を算出する
　・必要堆肥化日数：ここでは、80日とします（堆肥舎で、堆積高2m、週1回切り返し通気ありの条件ではこの程度です）
　・必要堆積容積：8.34 m³/日 × 80日 ＝ 667 m³
　・必要堆肥舎面積：667 m³ ÷ 2 m ＝ 334 m²（体積高さを2mとした場合）

　堆肥舎の堆積場所の面積は約350 m²あればよいことになりますが、この計算は堆積開始時に必要な面積ですから、発酵終了時には体積が減ることを考えれば余裕があることになります。しかしながら、実際には、堆肥は垂直には堆積できませんから、傾斜になった分だけ広く必要です。これに加えて、ローダーで作業するための空間も別途必要になります。

　以上の例は堆積型の堆肥舎の場合であり、他の堆肥化施設で必要とされる面積は異なります。とくに、密閉式の堆肥化施設の面積は少なくてすみます。詳しくは、畜産環境アドバイザーなどに相談して、自分の経営に合った施設を選択して、堆肥舎の面積を決めるようにしてください。

Q 29. 冬期に「戻し堆肥」や生ふんの水分を下げるには？

> 「戻し堆肥」を水分調整の副資材として使っていますが、冬期には水分含量が低くならなくて困っています。「戻し堆肥」や生ふんの水分を低下させるのに何かよい方法はありませんか。

A　冬期は堆積物表面からの自然蒸発量が夏期よりも少なくなるため、「戻し堆肥」や生ふんの水分が低下しにくくなります。したがって、夏期と同じ水分まで低下させるには、時間を掛けるか、別途乾燥するしかありません。

天日乾燥

　水を蒸発させるには何らかの熱源が必要です。もっとも低コストな乾燥法は、太陽熱を利用する天日乾燥です。天日乾燥ハウスを設置するときは、1日に蒸発させる水分量を計算し、それに必要な面積にします。冬期の水分の自然蒸発量は、1日に 1L/m² 程度です。梅雨時に能力は大幅に低下するほか、積雪地帯では利用できないといった欠点があります。

外部エネルギー（化石燃料）を利用した機械乾燥

　コストが掛かりますが、広い面積を必要としない乾燥法に化石燃料の使用があります。灯油や重油1Lを燃焼させると10L程度の水を蒸発させます。ほかに、直接熱風により乾燥するロータリーキルン式や蒸気を利用した間接加熱方式などがあります。

高カロリー副資材の利用

　高カロリーの物質を副資材として加えて発酵させると、発生した多量の発酵熱により水分の蒸発が促進されます。高カロリーの物質としては廃食用油、廃白土（食用油精製時に使用した白土で油分を20％ほど含む）、低水分鶏ふんなどがあり、これらが安く入手できるならば一考に値しますが、必要な添加量は添加物質や堆肥化条件によって異なりますので、お近くの畜産環境アドバイザーに相談してみてください。

■もっとも簡易で、低コストな方法

　以上に述べた方法は冬期に低水分にする方法ですが、それがだめなら、「戻し堆肥」の一部をモミ殻やオガ屑、夏期に生産した低水分堆肥などで代替えするとよいでしょう。この方法がもっともおすすめの冬期高水分「戻し堆肥」対策です。

Q30.『一次発酵』と『二次発酵』の区別はどこでするか？

堆肥発酵で、一次発酵や二次発酵という言葉がありますが、どう区分するのですか。
また、発酵施設で、一次発酵施設や二次発酵施設がありますが、その違いについても教えてください。

A 『一次発酵』、『二次発酵』という用語は普通に使われていますが、様々な使い方がされているため、混乱する方も多いようです。堆肥化過程は連続した一連のものですから、本来、一次発酵と二次発酵を厳密に区別することはできないということをまず理解してください。

有機物には、微生物によって比較的分解されやすい易分解性有機物と分解されにくい難分解性有機物があります。堆肥の高温発酵期に主として分解されるものが易分解性有機物、その後の熟成(後熟期)で少しずつではあるが分解される有機物を難分解性有機物と、便宜上定義しています。そして、高温発酵期が一次発酵、それに引き続く後熟期を二次発酵とするのが普通です。

本書では現場でも区別をつけやすく、実用性のある定義として、高温発酵期を過ぎ、適切な条件下で切り返しを行っても、温度の上昇がほとんどみられなくなるまでの堆肥化過程を一次発酵、それ以降を二次発酵としています。

ここで適切な条件としたのは、乾燥しすぎて微生物の活性が低下して温度が上昇しなくなる場合や、強制通気で通気量が多すぎるために温度が上がらなくなる場合があるためです。

なお、一次発酵が終わっても有機物の分解は進むため、堆肥の温度はそのときの気温よりもわずかに高く推移するのが普通です。堆肥の保温性など条件にもよりますが、切り返して40〜50℃を超えなくなれば、一次発酵が終了したと判断してよいでしょう。

一次発酵が終われば、易分解性有機物は十分になくなっているはずです。「コンポテスター」で酸素消費量を測定すれば、一次発酵の終了が判断できます(**Q68**、**128頁**参照)。この一次発酵が終了した堆肥は、農地に施用しても急速な有機物の分解が起こらない状態になっているので、多くの作物に問題なく施用できます。

第4章　堆肥の管理

　堆肥化の過程で、最初に自動攪拌機や密閉式発酵施設を使った急速で活発な発酵、ついで堆肥舎等でゆっくり堆積発酵を行うというように、複数の堆肥化施設を使って堆肥化する場合があります。この場合には最初の発酵施設を一次発酵施設、次に行う処理施設を二次発酵施設というのが普通です。ですから、三次発酵施設もあり得るわけです。

　なお、一次発酵施設で堆肥化する場合を一次発酵、二次発酵施設で堆肥化する場合を二次発酵等と呼ぶ場合もありますが、本書で定義した一次発酵、二次発酵とは違いますので注意してください。

> **一口メモ**
>
> **一次発酵、二次発酵のもう1つの考え方**
> 　一次発酵は、家畜ふん尿などを含む堆肥の「火付け役」になる、ごく分解しやすい成分の比率をあるところまで落として、汚物感や臭いなどの公害的要素を失わせること、二次発酵は、さらに継続する分解を促して、使いやすい堆肥に仕上げていくこと、という考え方もあります。

Q 31. 発酵、腐敗、腐熟の違いは何か？

「堆肥発酵に失敗して腐敗してしまった」、「発酵が進んで腐熟した」などと表現することがありますが、『発酵』、『腐敗』と『腐熟』はどう違うのですか。

A 本来『発酵』とは、嫌気性微生物が有機物を分解して、味噌、醤油、酢、酒などの有用な物質を作り出すことを意味しています。堆肥化の場合は、好気性微生物が働くため、『発酵』とはいえないのですが、人間に有益であることから、広い意味での『発酵』という使い方が定着しており、間違いではありません。

『腐敗』は、発酵に対して、人間にとって好ましくない有機物の分解を意味します。堆肥発酵に失敗して腐敗したという場合は、好気性微生物がうまく働かなかったことを意味します。

『腐熟』は、堆肥化で発酵が進むことを意味します。ですから、腐熟した堆肥は、好気的微生物による有機物の分解が十分に行われた堆肥ということになります。『腐熟度』は腐熟の度合をいいます。『腐熟』には、『腐敗』のようなマイナスイメージはありません。以下、微生物による有機物分解の仕組みについて説明します。

▌有機物分解の仕組み

家畜ふんには、炭水化物、蛋白質、脂肪など様々な有機物が大量に含まれています。これらの有機物を栄養源として、そのときの環境に適した微生物が盛んに繁殖し、活動を行い、様々な形を経て、最終的には各種のガスや無機物と水にまで分解されます。この働きをする微生物には、大きく分けて2種類あります。1つは酸素を必要としない嫌気性微生物、もう1つは酸素がないと生きられない好気性微生物です。

▌地球上ではまず嫌気性微生物が誕生

地球上に生命が海の中で誕生したのは約40億年前のことです。この頃は、まだ酸素ガスは大気中にありませんでした。ですから、嫌気性微生物が先に誕生し、この微生物が進化するうちに、現在の植物のように、光のエネルギーを利用して光合成を営み、二酸化炭素（炭酸ガス）から有機物を合成して、酸素ガスを放出する微生物が出現

しました。
　酸素ガスの出現によって、酸素を利用することができる好気性微生物が誕生しました。酸素の出現は、地球の環境も大きく変えました。酸素ガスが上空に昇ってオゾン層を形成するようになり、これが強烈な害作用をもつ紫外線を吸収するようになったため、生物の生存域はそれまで海に限られていたのが、陸地への上陸を可能にしました。約4億年前のことです。

■嫌気性微生物と好気性微生物の違い

　嫌気性微生物は、有機物を酸素のない条件で分解してエネルギーを得ます。これに対して、好気性微生物は酸素を使って有機物を分解します。好気性微生物は、同じ量の有機物の分解で、嫌気性微生物に比較して約20倍のエネルギーを引き出すことができます。堆肥の有機物分解は、酸素を使った好気性微生物の働きで行われますが、嫌気性微生物による分解よりもはるかにエネルギー効率がよいことは大事な点なので、エネルギーの獲得方式、嫌気性微生物と好気性微生物の違いについて簡単にふれておきます。

■好気性微生物は有機物を完全燃焼させる

　図8は、嫌気性微生物および好気性微生物が炭水化物からエネルギーを獲得する方式の違いを模式的に示しました。
　嫌気性微生物においては、炭水化物等の有機物が微生物体内に取り込まれて、乳酸、酢酸、エチルアルコール、メタンなどにまで分解されます。この過程で少しばかりの

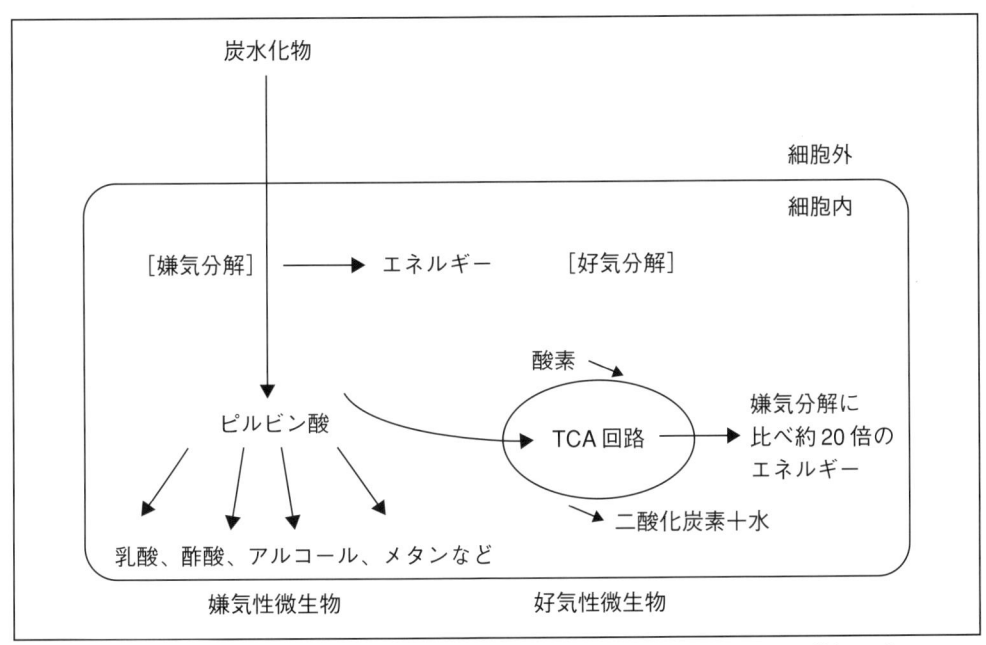

図8　嫌気性微生物と好気性微生物における、炭水化物からのエネルギー獲得の違い

エネルギーが発生し、このエネルギーを利用して、アミノ酸や脂肪酸などの細胞成分を合成します。分解産物は細胞の外に放出されますが、これらの物質には、まだ多くのエネルギーが残っています。

　サイレージの乳酸発酵や家畜排せつ物処理に利用されるメタン発酵は、この嫌気性微生物の作用を利用したものです。

　一方、酸素ガスが使える好気性微生物では、有機物を二酸化炭素と水にまで完全分解するので、エネルギーをさらに引き出すことができます。この結果、同じ量の有機物から、嫌気分解に比較して、約20倍ものエネルギーが合成できます。堆肥化処理においては好気性微生物が働くため、有機物から多くのエネルギーが取り出されるので、著しい発熱があり、高温が得られます。嫌気性分解のみではとうていこのような発熱は得られません。

一口メモ

TCA回路

　嫌気分解(発酵系)で生成されるピルビン酸は、酸素のある好気的条件下で完全に分解されて、二酸化炭素(炭酸ガス)と水になりますが、その過程で多量のエネルギー(ATP)を放出します。この好気分解(呼吸系)による一連の反応をTCA回路、あるいは発見者に因んでクレブスサイクルともいいます。好気性微生物はこのTCA回路を使うことによって、有機物を完全燃焼させ、堆肥を高温にさせることができるのです。

第5章

悪臭等の環境対策

Q 32. 堆肥化施設の脱臭対策は？

堆肥化時に発生する臭気問題で悩んでいます。脱臭装置を検討してみましたが、微生物脱臭は建設費が高く、化学脱臭は使用薬品費が高く、土壌脱臭は広い面積が必要のようです。もっと低コストでコンパクトな脱臭法はありませんか。

A　畜産分野で用いられている各種脱臭方式の特性を比較したのが**表9**です。よく用いられているのは、水洗法、オガ屑脱臭、生物脱臭法ですが、いずれの脱臭法でも臭気と水を接触させることにより吸着・溶解させて、空気中の臭気成分を除去しています。

表9　各種脱臭方式とその特性

脱臭方式		対象臭気		規模		管理性	建設費	維持管理費	脱臭効率
		堆肥舎	畜舎	大風量	小風量				
洗浄法	水洗	○	◎	○	◎	◎	◎	◎	×
	酸・アルカリ洗浄	○	○	○	◎	×	○	○	△
吸収法	オガ屑	○	○	×	◎	◎	◎	◎	×
吸着法	活性炭	×	◎	×	◎	○	○	×	◎
	イオン交換樹脂	×	○	×	○	×	×	×	○
燃焼法	直燃・触媒燃焼	◎	×	×	○	×	×	×	◎
酸化法	オゾン	×	◎	○	○	×	×	×	△
隠蔽・中和法	マスキング・中和	×	○	×	○	○	○	×	×
生物脱臭法	土壌・堆肥	○	◎	×	◎	○	◎	◎	◎
	ロックウール								

注）脱臭効果　　：◎とくに効果あり、○効果あり、×効果小さい
　　維持管理性：◎きわめて有利、○有利、×不利
　　費用　　　　：◎安価、○中庸、×高価

「堆肥ガイドブック，前掲」

水洗法

堆肥化時に発生する臭気成分はアンモニアがほとんどで、これは水によく溶けるので、水を細かいシャワー状にしたり、チップなどを充填した槽に散水して臭気と水の接触を効率よく行えば、比較的低コストで確実な脱臭が可能になります。ただ、臭気物質を吸収した排水の処理の問題が残ります。

オガ屑脱臭

オガ屑脱臭では、臭気の吸着量がすぐに限界を超えて臭気物質が素通りしてしまい、効果の持続時間が短いという問題があります。

生物脱臭

生物脱臭は、土壌、堆肥、ロックウールなどの担体に微生物を棲まわせ、水に溶解した臭気成分を微生物の作用で分解させるものです。十分な容積が必要で、持続的に使うにはそれなりの管理技術や手間が必要です。

堆肥を生物脱臭法としてではなく、堆肥にアンモニアを吸収させて肥料成分の高い堆肥生産を行っている例もみられます。

以上のように、種々の脱臭方式がありますが、一長一短があります。何よりも堆肥化施設からできるだけ臭気を発生させないことです。堆肥化の基本を守って好気的発酵を心掛け、嫌気的な腐敗臭の発生を抑えて、アンモニア以外の悪臭を出さないことが大切です。

Q33. 土壌脱臭や堆肥脱臭とは？

土壌脱臭と堆肥脱臭について詳しく教えてください。

A これらの脱臭法は、**Q32（60頁）**では生物脱臭に分類されるもので、土壌や堆肥を用いて悪臭物質を吸着し、微生物で分解するものです。畜産分野での脱臭法として広く普及しています。

土壌脱臭

土壌の下に砂や小石を敷き詰めて、下部から堆肥舎や畜舎からの排気を送り込むのが普通です。土壌としては黒ぼく（火山灰土壌）が適しています。管理が悪いと土壌が固まってしまい、ひび割れや穴ができ、臭いが短絡して吸収されないまま出てきます。時々は土壌をほぐす作業が必要です。土壌脱臭等の広い装置で脱臭を行う方式では、臭気が拡散したり希釈されたりする効果があります。ですからこの装置を建屋内に設置すると期待通りの効果がみられなくなってしまうことがあるので要注意です。

堆肥脱臭

入手が容易で、土壌のように固まってひび割れを起こすことが少ないのが特徴です。吸着材としての能力が下がった場合には、窒素の高い堆肥として利用できます。

堆肥脱臭の一例を**図9**に示しました。脱臭槽の最下層に玉石を厚さ30 cm、その上に木屑を30 cm、堆肥を1.2 mの厚さに敷いてあります。送風は、脱臭層下部から2.4 m/分で上向きに流れます。堆肥の水分は微生物の活性を保つため40〜60％に、pHを中性からややアルカリ性に保つ必要があります。吸着されたアンモニアは微生物によって硝酸塩になりますが、これがpHを下げることになるため、pHが4以下になったら堆肥を交換します。水分とpHは定期的に測定して、適正に保つ必要があります。

堆肥脱臭は低温時には効率が下がります。また、堆肥は交換が必要なので、取り出しが重機でもできるような構造にする必要があります。

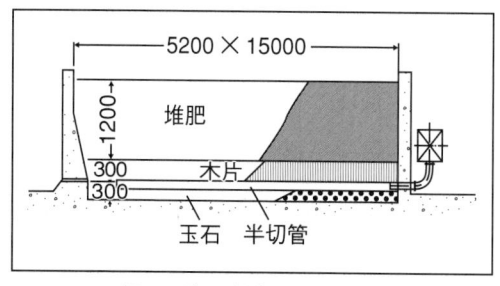

図9 堆肥脱臭装置の1例

（藤田）

Q34. 密閉型発酵槽の臭いが強くて困っているが効果的な対策はあるか？

> 密閉型の発酵槽の臭気を軽減する方法はありませんか。
> 開放型よりも臭気が濃くなるため、対策が難しく、困っています。

A 密閉型発酵槽は、開放型に比べ、臭気を高濃度で回収できる点が特徴の１つですから、臭気が濃くなるのは当然のことです。臭気が問題にならない地域ならば、あえて脱臭する必要はないかも知れませんが、一般的には高濃度で回収した臭気は、然るべき方法で脱臭します。

脱臭法は、Q32（60頁）に紹介しています。コスト的には、堆肥脱臭がもっとも安いと考えられますが、脱臭用堆肥の交換や脱臭に使った窒素成分の高い堆肥の利用など、多少手間がかかります。

また、活性汚泥による汚水処理施設があるならば、曝気槽で曝気をする方法があります。

ただし、アンモニアなどの腐食性のガスを含んでいるので、曝気ポンプの耐性に注意する必要があります。良好な脱臭が期待される方法としては、水洗後に酸液とアルカリ液で洗浄する方法もあります。この方法は、コストは掛かりますが安定した効果が得られます。

Q35. 堆肥散布時の臭い対策は？

> 鶏ふん堆肥を販売していますが、堆肥散布時の臭いが強いため、耕種農家から敬遠されます。どうしたらよいですか。

A 腐熟を進めて、臭い成分を分解させる必要があります。堆肥ですから、全く臭いがしないというわけにはいきません。これは、豚ぷん堆肥でも牛ふん堆肥でも同じことですが、鶏ふん堆肥はとくに臭いが強いと思います。

Q59(108頁)で触れるように、ブロイラーふんの堆肥は、他の畜種に比較して発芽率が低く、易分解性有機物がかなり残った未熟堆肥が多い傾向がみられることと関係していると考えています。堆肥の臭いを減らすには、できるだけ腐熟を進め、臭い成分を分解させてから製品として出荷することを心掛ける必要があります。鶏ふんでは、窒素肥料としての効果を持たせるために、発酵よりも、乾燥鶏ふんとして調整する場合もあります。この場合、Q99(187頁)のペレット化で臭気を抑えられます。

■嫌気発酵にはさせない

堆肥化中に通気が十分でないと嫌気状態となって、独特の悪臭物質が発生します。硫化水素や低級脂肪酸などですが、嫌気発酵させないことが何よりも重要です。

■堆肥散布時の工夫が必要

堆肥の乾燥が進むと、臭気も低くなります。しかし、散布後に雨水などで土壌が湿ると臭いが出てきますので、散布後すぐに耕起して土中に完全に埋没させるなどの工夫が必要です。これによって、降雨による肥料成分の流失や水質汚濁も防げます。

一口メモ

鶏ふんと尿酸と悪臭

鶏は、牛や豚と違って、ふんと尿とが同じ総排せつ腔から排せつされます。そのため、鶏ふんには尿由来の尿酸が多量に含まれ、これからアンモニアが発生するため臭気が強いのです。尿酸は窒素肥料として化学肥料と同じような速効的な効果がありますから、鶏ふんの堆肥化では、できるだけ尿酸が分解しないような条件での処理が必要で、密閉縦型施設による短期間での堆肥化がよく行われています。鶏ふんは堆肥化しないで、乾燥鶏ふんとして施用することもあります。

■■第5章　悪臭等の環境対策■■

Q 36.堆肥の臭いの強さをどのように判定するか？

> 堆肥の臭いの強さを判定する方法にはどのようなものがありますか。

A 堆肥によって、臭いの質および強さが随分違いますが、堆肥を使ってもらう上では、堆肥の臭いの強さも1つの評価項目として、念頭に置く必要があります。

堆肥の臭いは、これまで腐熟度評価基準による総合判定 **Q65（123頁）** でも評価項目の1つに取り上げられ、ふん尿臭強い（2点）、ふん尿臭弱い（5点）、堆肥臭（10点）として点数が付けられてきました。しかし、この評価方法では、どうしても主観が入ってしまい公平な評価はできません。

臭気濃度をヒトの嗅覚を用いて客観的に評価する方法として、わが国でもっとも普及しているのが3点比較式臭袋法による臭気指数の測定です。これは、悪臭防止法でも公定法として定められている方法ですが、6名以上のパネラーが必要など、手間と経費が掛かるため、個別の堆肥について臭気を測るには適していません。

堆肥の臭いに「におい識別装置」による客観的な測定

最近、ヒトの官能（鼻）で測定する臭気指数に相当する値が出せる「におい識別装置」が開発されました（**写真3**）。この装置によって畜舎や堆肥の臭いなど、畜産に関連する臭気も測れることが分かりました（**図10**）。

写真3　臭気指数が推定可能な「におい識別装置」

（島津製作所）

65

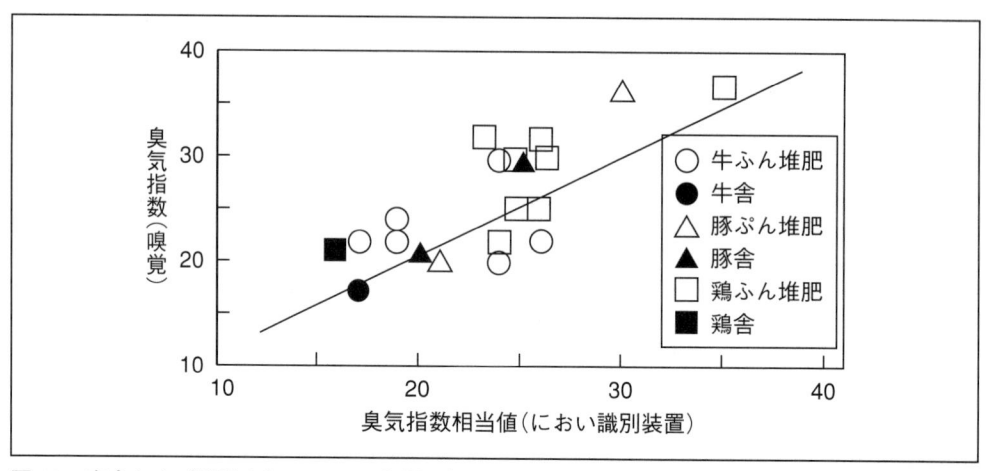

図10 畜舎および堆肥臭気における嗅覚測定による臭気指数とにおい識別装置による臭気指数の相関

(山本ら、畜産環境技術研究所)

　堆肥臭の測定は、堆肥のサンプル5gを2Lのバックに入れ、30分間に発生したバック内の臭気をこの装置にかけて「臭気指数相当値」を求めるもので、測定はきわめて簡単です。

> **一口メモ**
> **悪臭防止法と特定悪臭物質**
> 　悪臭防止法では、事業所の敷地境界など3つの地点での臭気の規制があります。一般には、22種類の「特定悪臭物質」の濃度によって規制されています。このうち、畜産に関係深いものは、アンモニア、メチルメルカプタン、硫化水素、硫化メチル、二硫化メチル、プロピレン酸、ノルマル酪酸、ノルマル吉草酸、イソ吉草酸の9物質です。各臭気成分について、簡単に測定できる検知管が開発されています。悪臭防止法では、ヒトの官能試験にもとづいた臭気指数による規制も導入されています。

> **一口メモ**
> **3点比較式臭袋法**
> 　官能試験法の一種です。3個のポリエステル袋のうち、2個に無臭空気を、1個に調べる臭気を詰めて、6名以上のパネラーに臭いを嗅がせて、臭い付き袋を当てさせます。正解であれば、3倍ずつ希釈していき、臭気が検知できなくなった時点での希釈倍数を求めるもので、この希釈倍数を「臭気濃度」といいます。この値は、大きくなりすぎることから、一般には対数変換して10を乗じて「臭気指数」として表しています。

Q 37. ハエを防ぐ方法は？

> 堆肥舎にハエが発生して困っています。ハエを防ぐ対策としてはどんなことがありますか。

A 畜産経営では、周辺環境への配慮、疾病対策、消費者へのイメージアップなどから、ハエなどの衛生害虫の発生防止には絶えず注意する必要があります。

■ハエの生態をよく知る

ハエは短期間で発育し、増殖力が強く、気温、水分、食物、天敵などの条件が合うと、大発生することもあります。ハエの卵は1日でふ化し、ウジになります。約1週間で成熟すると乾いた場所に移動してサナギになり、4～5日で成虫になります。発生は6～7月ごろに最高となり、盛夏は一時減少し、秋に再び多くなります。

■防除対策

ハエが発生しにくい環境を整えることが重要です。発生したり、外から飛来した場合には、ハエ取りリボンや殺虫剤などで駆除するしかありません。
「ハエが発生する」というケースには、2つのパターンが考えられます。

ハエの生態を知ろう

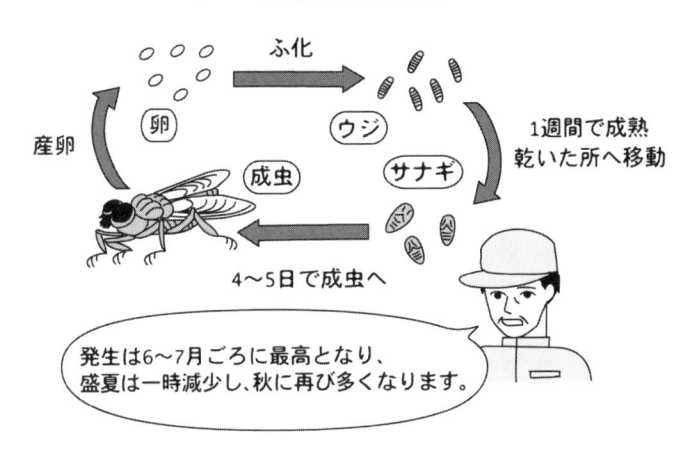

発生は6～7月ごろに最高となり、盛夏は一時減少し、秋に再び多くなります。

1つは堆肥化原料のふんにハエの卵が産みつけられ、大量のウジが発生している場合です。基本的には、ふんの回収頻度を多くし、ウジが成長してサナギや成虫になる前に、堆肥化を始めて温度を上げることが対処法になります。

　もう1つは、堆肥舎の臭いに引き寄せられて、ハエが集まってきている場合です。ハエがたくさんいるのは、そこに食べ物があるからだと思いがちですが、実際には、食べ物の臭いに引き寄せられて集まって来ているのです。ですから、ハエの飛来を防ぐためには、臭いを抑えればよいということになります。発酵が始まって温度が上がると、ハエは寄って来なくなりますから、その前までの、原料の保管と発酵槽で温度が上がるまでの期間で、臭気の発生を抑えればよいわけです。

　原料の保管庫を密閉できるようにできればよいのですが、それができない場合に広く行われていることは、原料を運び込む度に、その表面に薄く米ぬかを散布することです。これによって、かなり臭気が抑えられ、ハエの飛来が少なくなります。オガ屑やモミ殻などで厚めに覆うようにしても、同じような効果が得られます。堆肥化原料を発酵槽に移したところでハエが多く見られる場合は、堆肥化温度の上昇に時間が掛かっていると考えられます。副資材の混合割合や、混合の程度が適切であるかどうかを検討し、1～2日で堆肥の温度が上がるようにしてください。

第6章

堆肥化技術

Q 38. 堆肥化技術の基本は？

堆肥化とは何ですか。堆肥化について、知っておいた方がよいと思われる基本について教えてください。

A 堆肥化とは、『家畜ふん尿や副資材に含まれている有機物を微生物の力で分解させ、取り扱いやすく、安全で、安心して施用できる有機質資材に変える』ことです。ですから堆肥作りの基本は、微生物が活動できる環境をいかに作るかということに尽きます。

■微生物が活動できる環境作りが基本

微生物が活発に活動できる条件としては以下の5つがあります。
①堆肥化のための微生物がいること。家畜ふん中に十分いる
②微生物が利用できる有機物（エサ）があること。同じく家畜ふん中に十分含まれている
③空気（酸素）が十分にあること。これが最も重要な管理事項
④水分があること。これは忘れがちな条件だが、乾いてしまうと活動が止まる
⑤堆肥化にかかわる微生物が活動できる温度であること。凍結するような条件では、活動が止まる

堆肥化に当たっては常に3～5の条件が満たされているかをチェックしてください。これらさえ満たされれば、堆肥化は順調に進むはずです。

■堆肥化管理における作業工程

堆肥化の作業は図11に示した工程で進みます。まず、前処理として堆肥化原料の性状を整えることです。副資材との混合、場合によっては乾燥も必要になります。堆肥化ではとくに通気と切り返し管理が重要です。堆肥を製品として出荷するには、篩い分け、袋詰め、場合によっては成型も必要です。製品堆肥の成分分析は必ず行ってください。

■通気性の確保と混合（堆肥化の前処理）

生ふんのままでは、普通は堆肥化が始まりません。生ふんに副資材を加えるか、生

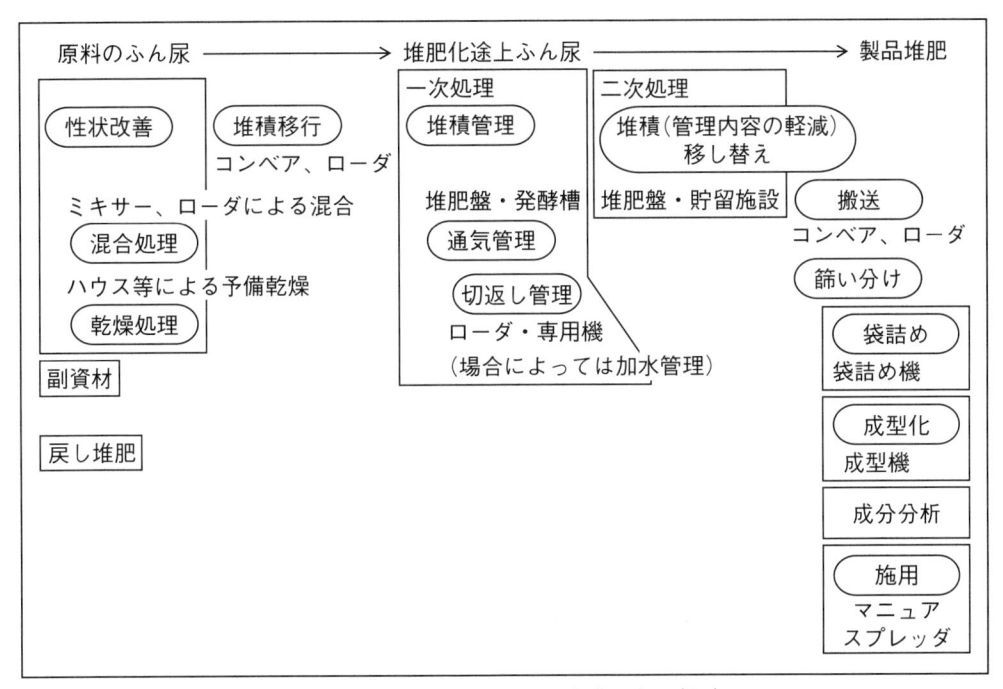

図11 堆肥化管理における作業工程の概略
(伊澤)

ふんを乾燥させて通気性を確保する必要があります。副資材については**Q21**(36頁)、生ふんの乾燥については**Q29**(53頁)を参照してください。

せっかく、通気性を確保するために副資材を加えても、堆肥化材料の混合が十分でないために発酵が遅れることがあります。材料の丁寧な混合が重要です。

堆肥化施設での発酵管理

堆肥化施設での堆肥化が終了するまで、通気性の確保は欠かせません。そのためには、撹拌や切り返し、場合によっては送風機による通気を行う必要があります。また、乾燥が過度に進んだ場合には水分の補給も必要です。

1. 高温期(一次発酵)

堆肥化の前処理が確実に行われていれば、数時間で発酵が始まり1～2日以内に堆積物の温度が急激に上昇し、60～70℃、ときにはこれを超える高温の状態が続きます。切り返しを行うと一時的に温度は下がりますが、また高温に戻ります。これを繰り返しながら、高温が数週間程度続きます。その後、有機物(エサ)が少なくなるため、切り返し(通気)を行っても温度がそれ以上上がらなくなります。堆肥の温度が気温に近づいたところで、次のステップに進むことになります。ここまでを高温(分解)期といっています。

2. 後熟期(安定期、常温分解、二次発酵)

高温期が過ぎれば、微生物のエサとなる有機物(易分解性有機物)がほとんど分解さ

れたと判断してよく、堆肥は腐熟した状態ですが、腐熟度を一層高めたり、副資材の分解を促すといった目的で、その後も堆肥化を継続することが一般的に行われています。この堆肥化のステージを後熟期とか、安定期と呼んでいます。高温期の一次発酵に対して二次発酵と呼ぶこともあります。しかし、堆肥化に費やす時間が長ければ品質が向上するともいえず、必要以上の時間を掛けることは堆肥の生産コストにも直結するため、後熟期をどれだけとるかは堆肥消費者のニーズを含めて、十分に検討して決める必要があります。

堆肥化後の仕上げ処理が重要

1．堆肥の成分分析

　堆肥の肥料成分が作物の生育や品質に影響しますから、堆肥成分を把握することが重要です。堆肥の成分を分析しても、成分が大きくばらついては意味がないので品質の安定した堆肥の生産も大事です。

　堆肥の肥料成分の他に、熟度に関連した項目（発芽率、易分解性有機物含量など）や臭気についても測定しておくと、安心して使ってもらえるようになります。どのような項目について調べるかについては、Q60（112頁）を参照してください。

2．堆肥の搬送や散布の利便性（成型、袋詰め等）

　耕種農家が堆肥を利用したがらない理由として、堆肥の搬送や散布に要する労力があります。成型や袋詰めによって堆肥の取り扱い性を向上させることが、需要を増やすことになります。成型や袋詰めについてはQ98（186頁）およびQ99（187頁）を参照してください。

一口メモ

堆（たい）肥の「堆」の字の語源と堆肥化の基本技術

　堆肥化の堆（たい）は今では漢字で表すことが少なくなり、理解されにくくなっていますが、そもそもこの「堆」の字は「うずたかくつむ」という意味を持っています。ですから、堆肥は「うず高く積んだ肥やし」ということになります。この字の意味に堆肥化技術の基本が隠されています。分解しやすい成分を持つ有機物を「うずたかく」積み上げると、微生物による分解が「次々」に起こって、一定の段階まで達します。なぜ「次々」と分解が進むかといえば、分解による発熱が堆積の温度上昇をもたらし、その結果として微生物の活動が一層促進されるからです。うず高く積むことによって、分解に伴う発熱が失われにくくなり、同種の原料と隣り合っているので、いったん火がつけば類焼していくのに似て活発な分解が進むことになります。すなわち、分解されやすい性質を持つ有機物をある管理された条件（水分と通気がある）で堆積して、微生物による分解を促す、というのが堆肥化技術の基本です。

Q39. 前処理の水分調整は何％が適正なのか？

家畜ふんを堆肥化するには水分調整しなければならないとされていますが、各種の手引き書では50〜75％程度まで様々な調整目標水分が書かれています。いったい水分は何％程度に調整すればよいのでしょうか。

A 家畜ふんそのものだけでは、なかなか発酵は始まりませんが、オガ屑やモミ殻などの副資材を混合して堆積すると、発酵が始まります。この場合の混合割合の目安として水分含量が使われています。ですから、水分調整が大事と考えられがちですが、実はそうではないのです。

写真4をみてください。堆積後1週間の発酵状況をみると、表面部分が堆肥化されているのに対し、同じ水分含量にしたにもかかわらず、内部はほとんど分解していないことが分かります。

水分含量よりも通気が大切

堆肥化とは好気性微生物による易分解性有機物の分解ですから、酸素が供給される表面部分だけが発酵し、たとえ水分が適度に調整されていても酸素が届かない内部は

写真4　堆積後7週間経過した断面

発酵が進まないことになります。つまり、水分を調整したから発酵したのではなく、オガ屑やモミ殻等の空隙が多い副資材を混合したことにより、通気性がよくなって発酵したのです。したがって堆肥発酵の条件は、一般的にいわれている水分調整ではなく、通気性の確保なのです。

畜種や副資材によって発酵がスタートする水分含量は違う

空気が浸透する隙間ができる（通気性が確保される）堆積物の比重は 0.7（容積重 700 kg/m³）以下といわれています。ですから家畜ふんを堆肥化するには、副資材を混合するか水分を蒸発させるかで、比重を 0.7 以下にする必要があります。つまり、通気性が確保され堆肥化発酵が始まる水分含量は畜ふんの種類や混合する副資材の有無およびその種類によって違うのです。

表10 に示すように 55～75％まで、大きな幅があります。副資材無添加とした場合や種々の副資材を添加した場合に通気性が発現する（発酵が始まる）水分含量を**図12**に示したので参考にしてください。

堆肥化の条件を水分調整と考えることは誤りで、目標水分まで調整しても通気性が確保されなければ発酵は進まないので、誤解のないようにしてください。

水分の測定は、現場では簡単にできませんから、容積重を目安に発酵がスタートする条件を決めることをお奨めします。適切な容積重の目安は **Q41**（78頁）、容積重の量り方は **Q42**（80頁）を参照してください。

表10　堆肥発酵がスタートする水分含量

畜　種	副資材無使用	戻し堆肥混合	オガ屑混合	モミ殻混合
牛	65％以下	68％以下	72％以下	75％以下
豚・鶏	55％以下	58％以下	62％以下	65％以下

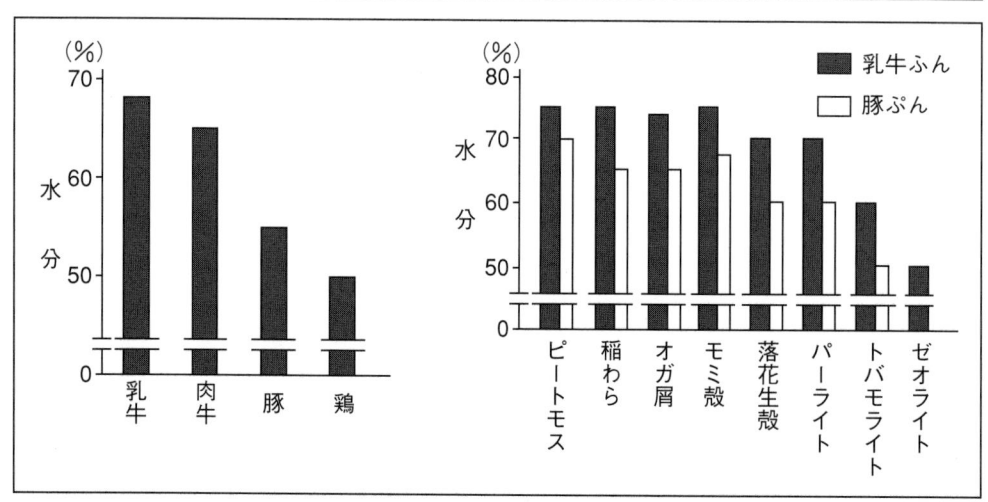

図12　副資材無添加（左図）、種々の副資材を添加した場合（右図）、の発酵がスタートする水分含量

（岡田）

第6章 堆肥化技術

> **一口メモ**
>
> **「水分調整」は通気性確保の1つの手段**
>
> 　堆肥化材料を詰め込むときに、「水分調整」を適正に行うことが欠かせないとされています。生命の源が海の中で誕生したとされるように、生物活動にはどうしても水分が必要です。堆肥化にかかわる微生物も水分が少ない乾いた状態では活動が止まりますが、水分が多すぎて困るということはありません。
>
> 　では、なぜ「水分調整」するのでしょうか。堆肥化は主に好気性発酵で行われます。つまり、必要なのは空気(酸素)であり、「水分調整」は通気性を改善するためなのです。汚水処理の1つである活性汚泥法は、堆肥化と同じ好気性発酵で行われるため、汚水にポンプで空気を送り込みます。酸素が十分に供給されれば、水分はいくら多くてもよいということです。通気性の程度は、畜種によるふん尿の性状、水分調整副資材の種類や形状等によって異なります。ですから、目標とする水分含量を一律に決めることはできません。比較的繊維成分の多い牛ふんでは、水分が70％でも十分に発酵が始まりますが、豚や鶏ふんではこれよりも低くする必要があります。

Q40. 副資材の混合割合はどのように計算したらよいか？

畜ふんはそれだけでは発酵しないので、「副資材を混ぜて水分を調整する必要がある」といわれました。オガ屑を使って調整したいのですが、どのような割合で混ぜたらよいのですか。

A 堆肥化でもっとも重要なのは、空気（酸素）を十分に供給することです。空気の通りをよくするための水分含量は、家畜の種類や副資材によっても異なり、一定ではありません（**Q39 73頁**）。たとえば、豚ぷんで副資材にオガ屑を使うとしたら水分は60〜62％程度に調整すれば発酵は進むので、この場合は水分を62％に調整するとします。

目的とする水分含量にするには、ふんの重さに対する副資材（オガ屑）の混合割合は以下のようにして計算します。

$$副資材の必要量 = ふんの重さ \times \frac{ふんの水分 - 調整水分}{調整水分 - 副資材の水分}$$

実際に計算してみましょう。豚ぷんの量が1000kgあったとして、豚ぷんの水分含量が75％、オガ屑の水分含量が25％で水分含量を62％に調整するとすれば、オガ屑の必要量は次のように計算して、351kgとなります。

$$オガ屑の必要量 = 1000\,kg \times \frac{75 - 62}{62 - 25} = 351\,kg$$

牛の場合はもう少し水分が高くても大丈夫で、70％程度を目標に水分調整すれば発酵は順調に進みます。

このように、水分含量の調整は比較的簡単にできるのですが、現場で水分を分析して堆肥の水分を調整していることは少ないようです。現場でより簡単に堆肥の通気量を調整する方法として、容積重を量る方法があるので、**Q41（78頁）**および**Q42（80頁）**を参照してください。この方法は簡単ですから、水分調整した堆積物についても、併せて容積重も量ることにより、通気量の調整はより確実になります。

##　第6章　堆肥化技術

> **一口メモ**
>
> **簡単な水分含量の測定法**
>
> 　フライパンを用いる方法があります。堆肥約10gを正確に量り取って、フライパンでゆっくり熱します。まんべんなくかき回し、水分が出ないようになったらその重さを量ります。その重さを、最初の重さから差し引き、それを最初の重さで割り、100を乗じると堆肥の水分（％）です。
>
> $$水分（％）＝\frac{最初の重さ－乾燥後の重さ}{最初の重さ}×100$$

Q41. 前処理の容積重はどの程度にすればよいか？

堆肥化前処理の容積重はどの程度にすればよいのでしょうか。また、畜種や副資材の種類によって異なりますか？

A 堆肥化のポイントは、新鮮な空気が奥まで入りやすい状態にして好気的分解を起こさせるところにあります。空隙の多い副資材を多く混ぜれば、そのような状態になるわけですが、コストを抑えるために使用量を少しでも減らしたいところです。

基本的に、容積重は 0.7 kg/L が目安ですが、畜種、ふんの状態、副資材の種類、原料の混合具合、堆積する高さ、強制通気の有無、撹拌の頻度といった、様々な要因によって適切な容積重は違ってきます。ですから、最初は 0.7 kg/L から始めて堆肥化の進み具合をみながら、適切な容積重を見いだしてください。容積重の量り方については **Q42**(80頁)を参照してください。

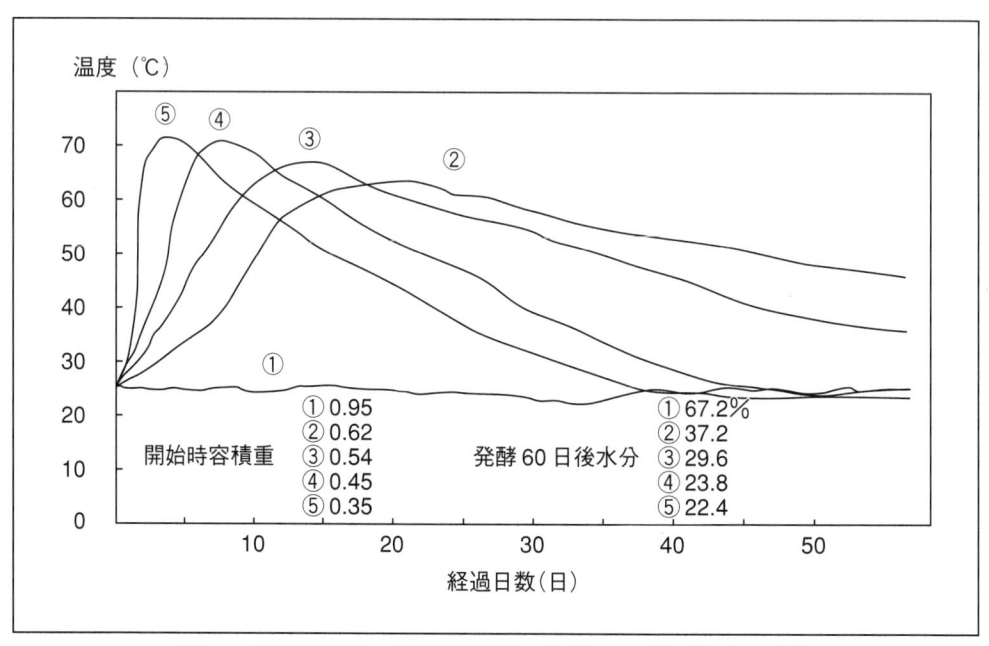

開始時容積重
① 0.95
② 0.62
③ 0.54
④ 0.45
⑤ 0.35

発酵60日後水分
① 67.2%
② 37.2
③ 29.6
④ 23.8
⑤ 22.4

図13　各種副資材で容積重を調整した豚ぷんの発酵温度の変化

(本多)

原料の混合具合は、原料調整で重要なポイントです。同じ容積重でも丁寧に原料が混合してあると堆肥化の進行が違ってきます。堆肥化の進み具合を判断する方法については、**Q51**（94頁）にあります。

同じ水分含量でも、容積重が小さい方が発酵が進む

　水分含量が同じでも、容積重が小さい方が温度上昇は早くなります。

　図13は、豚ぷんに各種の副資材を添加して堆肥化し、温度の変化をみたものです。①は生豚ぷんのみで、水分75％、容積重は0.95です。他の区は、水分65％に調整してありますが、②は「戻し堆肥」、③はオガ屑、④はカンナ屑、および⑤は発泡スチロールとカンナ屑を副資材として、それぞれの容積重は図中に示したとおりです。この結果によると、容積重が小さいほど温度の立ち上がりおよび低下が早く、容積重0.62の②区では、遅くまでだらだらと高温が続いています。生ふんのみでは好気的発酵がみられませんでした。

Q42. 容積重の量り方は？

堆肥の容積重の量り方を教えてください。

A 容積重とは、堆積当たりの重さのことで、比重ともいいます。たとえば、1Lの水は1kgですから、1kg/Lということになります。

堆肥化原料の容積重の量り方は、図14の通りです。

① 10L程度のバケツを準備する。このバケツは今後も同じものを使うようにする
② 空のバケツの重さを量る
③ バケツの容積を量る。例えば、バケツの重さが0.5kg、水を入れたバケツの重さが11.0kgならば、
　11.0 − 0.5 ＝ 10.5kg ＝ 10.5L（水は1kgで1Lだから）となる
④ バケツに、すり切りいっぱいの原料を入れる。このとき、原料を押し込まないようにする
⑤ 重さを量る
⑥ 堆肥原料を入れたバケツの重さから空のバケツの重さを差し引き、バケツの容量で割る

例えば、バケツの容積が10.5L、バケツの重さが0.5kg、堆肥を入れたバケツ全体の重さが8.0kgならば、(8.0 − 0.5) ÷ 10.5 ＝ 7.5 ÷ 10.5 ＝ 約0.71kg/Lで、この場合の容積重は、0.71kg/Lとなります。

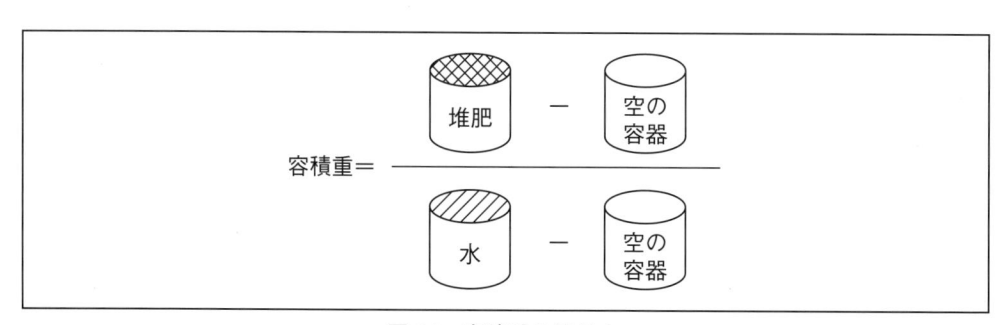

$$容積重 = \frac{堆肥 - 空の容器}{水 - 空の容器}$$

図14　容積重の量り方

43. 堆肥の「切り返し」は必要か？

堆肥の「切り返し」はなぜ必要なのですか。

堆肥化を効率よく進めるには、切り返しはどうしても必要です。図15は、堆肥化における切り返しと通気の効果を示しています。堆積1週間までは表面に近い部分のみ堆肥化し、このまま放置したのでは、ごくゆっくりとしか発酵は進みません。切り返しによって、新たに表面に出た部分の堆肥化が進みます。この場合、通気をよくするとさらに効果的です。

堆肥化は均一に進むことはない

堆肥化は好気的な作用なので、新鮮な空気が届く部分や、単なる堆積なら表面、強制通気しているなら通気口側ではよく進みます。新鮮な空気が届かない部分は原料の隙間にある酸素をすぐに使い果たしてしまい、進行が遅くなります。

堆肥化が盛んな部分では発熱が多いので、水分がどんどん蒸発します。そのまま続けると、好気性菌が活発に活動できないほどに水分含量が低くなってしまいます。盛

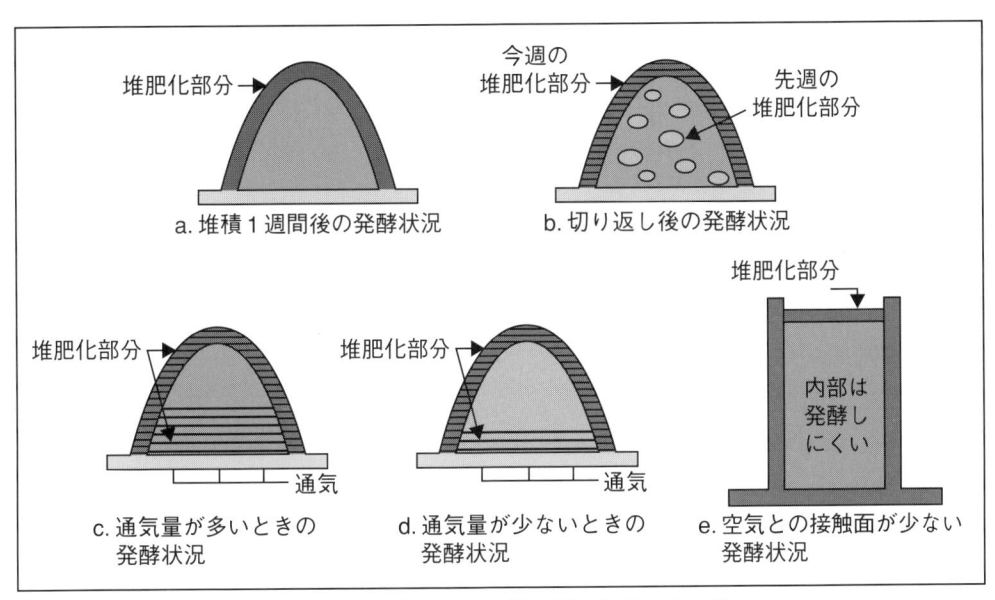

図15 堆肥化における切り返しと通気の効果

「堆肥ガイドブック，前掲」

んでないところでは、発熱が少ないので蒸発量が少なくなります。また、盛んなところよりも相対的に温度が低くなるので、盛んなところで蒸発した水分が結露することがあり、かえって水分が多くなることもあります。単なる堆積ならば壁際、下から強制通気しているならば壁際と表面が結露しやすい部分です。

　全体的には以上のようなことが起こりますが、もっと小さな部分でみても、同様のことが起きています。新鮮な空気は、隙間をぬって流れます。広い隙間がうまくつながった部分と、そうでない部分とでは、空気の流れに違いができます。流れが多いところは堆肥化と乾燥が進み、水分が少なくなることで、さらに空気が流れやすくなります。一方、流れが少ないところは遅延します。たとえば、1粒のオガ屑でも、片側に隙間があり、裏側には別のオガ屑がくっついているとすれば、それぞれの側で堆肥化や乾燥に差ができるわけです。

▍切り返しによってまんべんなく発酵させ、堆肥化期間を短縮する

　強制通気の有無にかかわらず、堆肥化と乾燥の具合に差ができれば、かき混ぜない限り、その差はさらに大きくなっていきます。切り返しは、このようなムラを解消するために必要なのです。

　もちろん切り返しをしなくても、いつかは堆肥化が完了します。しかし、堆肥化の遅いところに合わせる必要はないのです。堆肥化に必要な期間が長くなれば、それだけ大きな施設が必要になります。

▍まんべんなく熱処理する

　堆積している部分によって温度差ができるため、雑菌や雑草種子が死滅するまでの温度に達しない部分ができてしまいます。切り返しを数回行うことで、まんべんなく熱処理ができます。

▍空気の通りをよくする

　堆積したままだと圧密されて容積重が高くなり、空気の通りが悪くなります。容積重の重要性については Q41（78頁）を参照してください。切り返しは新鮮な空気を混ぜ込むとともに、容積重を下げる効果があります。

▍かたまりを崩す

　堆肥化初期は水分が高いので、大なり小なりダマになっている部分があります。ダマになっていると、中の方には新鮮な空気がとどきにくいので、堆肥化が進みにくくなります。切り返しの際に、ダマが破壊されて内部になっていた部分が外に出てきて堆肥化が促進されます。

■「切り返し」は頻繁な方がよい

　頻繁な「切り返し」は発酵温度を下げるので好ましくないと書いてある成書もありますが、Q48（88頁）で述べるように、堆肥化温度が高いほど堆肥化が早く進むという考えは誤りです。

　内部の温度は、発生熱から放出熱を引いた蓄積熱で決まります。発生熱が少なくても（堆肥化が遅いことを意味する）放出熱がそれよりも少なければ、温度は上昇するのです。頻繁な「切り返し」は放出熱を増やしますが、発酵速度を速めて大量の発酵熱を発生させます。

　蓄積熱を大切にするということで、堆積方式で月に1回しか切り返しを行わない場合には、数ヶ月以上の堆肥化期間が必要となります。一方、撹拌機等で毎日「切り返し」を行う堆肥化法では発酵速度が速いため、数十日程度で堆肥化を終了させてしまいます。

　つまり、発酵温度がある程度以上に保たれる限りにおいて、切り返しを多くするほど活発に発酵が進み、大量の発酵熱も出て堆肥化が早く終了するのです。

Q44. なぜC/N比の調整は必要なのか？

> 堆肥化にはC/N比の調整が必要だと聞きましたが、なぜC/N比の調整が必要なのですか。

A 微生物が活動して盛んに繁殖をするためには、養分として炭素(C)源と窒素(N)源のバランスがとれた状態が望ましいのはいうまでもありません。

この炭素と窒素の比率をC/N比、あるいは炭素率といい、堆肥化には30以下が望ましいのです。昔の堆肥は、わらや雑草、落ち葉などが堆肥の材料でしたから、炭素ばかりで窒素が極端に不足していました。たとえば、稲わらのC/N比は60～70です。このため、良好な堆肥化を行うには、窒素源の補充をしてC/N比を調整しなければなりませんでした。このための窒素源としては、古くから石灰窒素が使われています。

■家畜ふん堆肥ではC/N比の調整は必要ない

家畜ふんを材料として堆肥化を行う場合には、家畜ふんには炭素も窒素も十分に含まれており、調整を必要とするほどC/N比は高くありません。つまり、堆肥化でC/N比の調整が必要なのは、C/N比の高い堆肥化材料を使う場合に限られており、家畜ふんの堆肥化ではC/N比の調整は不要です。

一口メモ

堆肥のC/N比と「窒素飢餓」の現象

農業廃棄物や落葉等の堆肥化材料は一般に窒素分に比べて炭素分が多く（C/N比が高い）、堆肥化によって炭素分を二酸化炭素として大気中に飛ばして低くする必要があります。そうしないと、土壌中の微生物がこの炭素分をエネルギーとして使って窒素分を体内に取り込んでしまうため、作物が利用できる窒素分が減ってしまいます。この現象を「窒素飢餓」と呼びます。

この現象を避けるため、堆肥化ではC/N比が30以下、できれば20以下にするのが望ましいとされています。しかし、家畜ふん尿の成分に限っていえば、最初からC/N比が低いため、「窒素飢餓」を心配する必要はありません。

Q45. 強制通気は強いほどよいのか？

> 堆肥化は好気的な作用であるなら、通気量が多いほど堆肥化が促進されるのではないでしょうか。
> 通気は強いほどよいような気がします。

A 強制通気は、酸素を供給する効果とは別に冷却と乾燥の作用をもたらします。堆肥化は発熱反応ですから、適度な冷却は微生物の反応を促進させます。しかし、過度の冷却は反応を低下させてしまいます。乾燥は堆肥化の目的の1つですから、進めば進むほどよいと思いがちですが、**Q47**（87頁）にあるように、水分が40％程度以下になると、微生物の作用が落ちます。

水分が低くなると微生物の活動が鈍くなるのは、干物が腐敗しにくいのと同じ理屈です。乾燥は空気が多く通るところほど進みますから、堆積全体の水分がそれほど低くなくても、通気した空気がよく通るところは乾燥しすぎている可能性があります。

このように、強制通気は強ければいいというものではありません。堆積1 m^3 当たり毎分50Lを目安に通気量を設定するのが妥当です。条件によっては、これよりも強くすることで堆肥化が促進することもありますが、通気量の増加はそのまま電気代に跳ね返ってくるので、検討が必要です。

Q46.通気が適当かどうかの判断基準は？

> 堆肥化を促すために強制通気していますが、通気が適切に行われているのかどうかが分かりません。何かよい判断方法はありますか。

A 堆肥化を促す通気量は、きわめてわずかです。空気の流れる速度は数ミリメートル/秒以下ですから、手をかざしても感じられないほどです。堆積物の中をまんべんなく通っているのかは、朝の冷気の中で堆積物を観察すると、湯気がたつことで、通気が抜けている状態が分かります。日中ならば、ガラスの漏斗をさかさまにして堆積の上に置くと、通気が抜けているところなら、ガラスが蒸気で曇ることで分かります。この方法で、あちこちを調べればよいのです。

通気量が適切かどうかは、堆積温度の測定を深さ別に行って、堆積の芯の部分（表層より50 cm以上深い中側）でも70℃を超えていれば、通気による分解が進んでいると判断できます。

堆積に対して送風ではなく、吸引する方向で通気する（床面の側へ空気を流す）方法を採用している場合には、通過後の空気の温度が暖まっているはずですから、それでモニターできます。

このようにして、正常に通気が行われていることが確認されます。そうなっていない場合には、前処理が不適切で発酵が思うように進んでいないか、通気が適当でないと判断されます。後者の場合は空気の抜け道ができていたり、堆肥盤底部の通気管が目詰まりしていることが考えられます。

Q47. 堆肥化の途中で水分を補給する必要があるか？

> 堆肥化の途中で水分を補う必要がある場合もあると聞きましたが、それはどんな状況ですか。

A 堆肥化においては、通気性を改善するために副資材を混合して水分を下げることが普通に行われています。ですから、水分が高くならないように気を使いますが、水分が低すぎても堆肥発酵は進まなくなります。水分を補給して、水分含量を適正に保つように心掛けてください。

水分が40％程度以下になると発酵が遅れる

「切り返し」により、内部のふんが表面部分に出て通気は改善されても、水分が低いと微生物の活動が鈍くなります。その場合には水の補給が必要になります。発酵途中で堆積物の水分が低下しすぎて発酵が停止することがよくあるので、気をつけてください。切り返しの際に粉塵が舞うようなときには、ほとんど発酵は停止してしまうので、水分を補給します。

尿汚水の散布も可能

肥料成分が高い堆肥がよいのであれば、水の替わりに尿を散布して水分調整することも可能です。尿には、カリウム、ナトリウムなどが多量に含まれるので、出来上がった堆肥にもこれらの濃度が高くなります。また、散布するとアンモニアが揮散して悪臭が発生することになるので、1日のうちの散布時刻などの注意が必要です。

水分調整には尿散布も有効

Q48. 堆肥の発酵温度は高い方がよいのか。100℃以上になる場合もあるのか？

堆肥の発酵温度がせいぜい70℃くらいまでしか上がりません。発酵温度は高い方がよいと聞きましたが、本当でしょうか。
また、発酵温度が100℃以上になることもあるそうですが、そんな高温下でも微生物は生きているのですか。

A 　堆肥化条件を守れば、発酵温度が70〜80℃になるのが普通です。

　堆肥の発酵温度は、有機物の分解熱の発生量と堆肥からの放熱量のバランスで決まります。ですから「何℃以上にならなくてはいけない」とは一概にはいえないのですが、通常の家畜ふん尿を含む材料を堆肥化する場合には、70〜80℃まで温度が上がるのが普通です。

　温度が70℃まで上がらない場合には、堆肥化の初期条件の与え方が不十分であるか、過剰の通気をしているなどが考えられるので、どこかに問題がないか検討してください。

　それでも70℃まで上がらないのであれば、放熱量が多いためです。**Q74（138頁）** にあるように、堆肥中の病原性微生物や雑草の種子を不活性化させるには、60℃以上の温度に2日間以上さらす必要があるとされていますから、その点では70℃であれば十分です。

▌発酵温度が高い方がよいわけではない

　発酵温度は高ければ高いほど有機物の分解が進むと考えられがちですが、実はそうではありません。化学反応では温度が高いほど促進されますが、「生き物」にはその活動のための適温があります。前述した「発酵温度70〜80℃が普通」というのは、この範囲が適温というのではなく、堆肥化条件を守れば「結果として」この程度の温度になるという意味です。

微生物(細菌)を生育の最適温度から分類すると次のようになります。このうち堆肥化に関係しているのは通常では常温菌と中度好熱菌です。

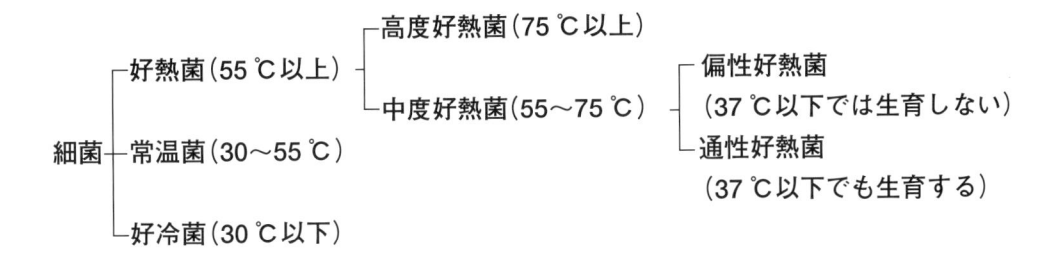

```
         ┌─好熱菌(55℃以上) ┬─高度好熱菌(75℃以上)      ┌─偏性好熱菌
         │                  │                              │ (37℃以下では生育しない)
細菌─────┼─常温菌(30〜55℃)  └─中度好熱菌(55〜75℃)─────┤
         │                                                 └─通性好熱菌
         └─好冷菌(30℃以下)                                   (37℃以下でも生育する)
```

発酵温度が100℃を超えることもある

微生物の体成分の主体は蛋白質です。蛋白質は高温になると熱変成をうけ、活性を失います。この熱変性温度は微生物の種類によって異なり、100℃以上でも変性を受けない微生物がいることも事実です。

堆肥化で100℃以上の発酵温度が観察されることがあります。これは、易分解性有機物の多い堆肥化材料と三方が高い壁になった堆積舎を用い、堆積高が3m以上といった堆肥化条件の場合に多くみられます。この場合には放熱が十分に行われないため、発酵熱が内部にこもってしまったことによると考えられます。前述したように、発酵温度が100℃を超えていても、それだけ有機物の分解が促進されているということではありませんが、90℃以上でないと死滅しないモザイクウイルスに対しては効果が期待できます。

堆肥の炭化や発火に注意

易分解性有機物の分解と放熱のバランスが極端に崩れた場合には、発酵熱により堆肥が炭化したり、施設のぼや騒ぎに至ることがあります。これらの現象は、水分が低くなったときに現れますから、水分は常に適正に保つように気をつけてください。

> **一口メモ**
>
> **自己発熱と堆肥の加温**
>
> 堆肥化における温度上昇は、材料である家畜ふん等が分解して発生する熱(自己発熱)によってもたらされます。ですから分解が活発になれば堆肥の温度が上がりますが、逆に堆肥を加温して温度を上げても、分解が進むことにはなりません。自己発熱による温度上昇を促すことこそ、よい堆肥化の管理に欠かせない心得です。

Q49. 堆積高が発酵や品質に及ぼす影響は？

> 堆積高が2m以上で堆肥化している例がみられますが、堆積高は堆肥の発酵速度や品質にどのように影響しますか？

A 最近、堆積高を高くして省スペース化を目指した開放型堆積方式の処理が盛んに行われているようです。基本的には、堆積が高くなるほど、発熱した熱量が内部にこもりますから、堆肥の発酵温度は高くなりやすく、場合によっては90℃以上になることもあります。Q48（88頁）にあるように、高温だからといって発酵速度が速まることはありません。逆に、堆積が低くなれば、Q17（30頁）にあるとおり、熱が逃げやすく、乾燥が進みやすくなります。

堆積高が高いと、通気との関係も重要になります。強制通気をしていないのであれば、堆積がある程度以上の高さになると、深い部分に新鮮な空気が届きにくくなります。このため、頻繁な切り返しをしない限り好気的発酵が停滞します。強制通気をしている場合は、堆積高に見合った適切な通気量があれば、発酵は進みます。しかし、これは堆積中に均一に通気できた場合のことで、実際には必ず通気ムラができるので、切り返しを行う必要があります（Q43、81頁）。

堆積の高さは、出来上がり堆肥の品質にはそれほど影響しません。ある条件下で堆積が高いほど出来上がり堆肥の水分が高くなることがあるかもしれませんが、問題にするほどの違いにはならないでしょう。

むしろ、堆積高に応じた管理が十分に行われない場合には、病原性微生物や雑草種子が死滅するほどの堆肥化温度が得られないことがありますので、この点は注意してください。

Q50. 温風送風の効果はあるか？

発酵がおもわしくなく温度上昇がにぶいときや冬期の低温時に、堆積物の底部から温風を送風するとよいといわれました。
しかし、コストがかさむために導入すべきかどうか悩んでいます。温風送風の効果はどの程度あるのでしょうか。

A 寒冷期での温風送風は注意が必要です。
　発酵がおもわしくなく温度上昇がにぶいのは、外気温が低いからではなく、通気性の確保が不十分なために有機物の好気的分解が進まないことによると思われます。このような状態で低部から温風送風を行っても、内部全体の通気性は改善されず、全体的な好気性発酵は期待できません。
　それどころか、嫌気的状態の内部を暖めることになるので、嫌気性の腐敗を助長することにもなりかねません。堆肥の温度が上がるのは有機物の分解の結果であって、温度を上げれば有機物の分解が進むということにはならないのです。
　堆肥発酵では、通気性さえ確保すれば、外気温がかなり低くても、自ら発生させた発酵熱で内部温度を上昇させることができるのですから、温風送風は意味を持たないどころか、温風のコストをかけて腐敗を促すという結果になりかねません。
　ただし、寒冷環境下では、堆積材料の品温が低いため堆肥化のスタートが遅れることがあり、この場合には加温の効果があります。基本は堆肥化条件（**Q38、70頁**）を整えることです。それでも駄目なときには、保温・加温について検討してください。

第 7 章

トラブルシューティング

Q51. 堆肥化が順調に進んでいるかを知るには？

堆肥化が順調に進んでいるかどうかは、何によって判断すればよいのですか。

A 下記のように、温度、臭い、色などで判断します。いくつかの方法があるので、参考にしてください。

■温度を調べるのが最も確実

　温度の経過を調べるのが最も簡単で、間違いのない方法です。これだけはぜひ実行してください。家畜ふん尿のように分解されやすい成分を大量に含んでいる原料であれば、2日も経過するうちに70℃を超える活発な分解を示すのが普通で、これに到らないようであれば通気性が十分に確保されていないことを疑い、副資材の比率を高める等の状況改善を図ってください。副資材のコストを下げたいという気持ちから使用量を減らしてしまい、順調な堆肥化がスタートできていない例をみますが、通気性の確保は堆肥化の基本の「キ」ですから、ぜひこれだけは守ってください。

■臭いや色でも判断できる

　切り返しのときの臭気や色合いなどを観察しても、ある程度判断できます。堆肥化が順調に進んでいるときの臭気は、決して無臭ではありませんが強い刺激臭にはなりません。生のふん尿以上の不快臭が感じられるとしたら、嫌気発酵を疑ってください。そのようなときは、おそらく堆積の色合いとしては黄色や灰色がかっています。また、その部位に接している床面が黒くなっていることもあります。十分な空気の流れが確保されないため、腐敗型の分解（嫌気発酵）を起こしてしまっているのです。床面が黒くなったのは嫌気条件下で硫化水素が発生し、鉄分と反応して黒色の硫化鉄になったためです。

　温度を調べ、臭いや色をよく観察すれば、堆肥化が順調かどうかは簡単に分かります。品質のよい堆肥を作るために、ぜひ堆肥の観察を心掛けてください。放置しておいてよい堆肥が作れるはずがありません。

Q52. 堆肥化のスタートに失敗したら？

> 堆肥舎で堆肥化を始めて３日経っても発酵する様子がありません。
> 堆肥化に失敗したときに回復する方法はありますか。

A 副資材を追加するなど、Q39（73頁）やQ41（78頁）を参考にし、初期条件を再調整すれば回復可能です。とにかく、確実に通気性を確保することを心掛けましょう。しかし、かなり嫌気分解が進んでしまった後ではpHが著しく酸性側に傾いているため、通常の水分調整ではなかなか温度が上がらないことがあります。いつもより副資材を多めにして、堆積し直してください。今度は、到達温度の高い発酵がみられると思います。

その体験を活かして、どこまでなら副資材を減らしても大丈夫かを試みることです。いったんコツをつかめば、以前の悩みが嘘のように順調な立ち上がりが得られることがあります。

発酵が上手く進まない嫌気条件では悪臭の発生が問題になります。発生してしまった悪臭も、いったん好気分解が始まれば治まりますが、再調整で撹拌するときには悪臭の発生は覚悟してください。周辺に迷惑がかかりにくい時間帯を選んで作業するようにしましょう。強い風や雨もその影響を和らげてくれます。堆積し直してからしばらくは、悪臭が出続けることがあります。そのときは、米ぬかを表面に散布すると、臭気が弱まります。モミ殻でも多少は効果があります。

失敗が続けば、悪臭により周辺からの評価が落ちてしまいます。近隣住民との人間関係は案外修復しにくいものです。

Q53. 堆肥の温度上昇が始まるのに1週間もかかるが、対策は？

> 水分調整がうまくいっていれば、堆肥化の材料を積み込んでから1日以内に発酵が始まると聞きました。
> 家畜ふんにバークを混ぜて堆肥化していますが、発酵までに1週間くらい時間がかかるのはなぜでしょうか。水分調整はしっかり行っているつもりです。

A 発酵開始までに1週間もかかっているのでは、せっかくの施設もその期間は遊んでいることになります。

　家畜ふんには、堆肥化に必要な微生物や栄養分は十分含まれているので、副資材としてオガ屑やバークを混ぜて適度に通気性を改善すれば、ほぼ間違いなく12～20時間以内には発酵が始まります。

■堆肥化材料が均一に混合されているか？

　質問の条件では、堆肥化の条件をすべて満たしているように思われますが、なぜ発酵までに1週間もかかるのでしょうか。考えられることは、ふんとバークが十分に混合されていないのではないかということです。

　微生物の活動には水分が必要で、水分が40％程度以下になると微生物の活動は弱まります。これとともに、好気発酵では空気(酸素)がどうしても必要です。

　ふんとバークの混合が不十分であると、一部は通気が行われない嫌気的状態、一部は水分の少ない乾いた状態にあり、発酵はうまく進みません。堆肥全体では、計算上は水分が適正に調整されていたとしても、実態はそのようになっていないわけです。

　堆肥化材料を積み込むときに、副資材をふんと丁寧に混合すれば、通気性が改善されて発酵が早まると思われます。せっかく高額の堆肥化施設を導入して、最初の数日間が無駄になるのはもったいないので、堆肥化材料を混合するときは十分留意してください。

　これでも発酵が上手く始まらない場合は、副資材の混合量を少し増やしてください。きっと順調に発酵が始まると思います。

堆肥化材料の混合装置導入を検討することも必要

　堆肥化材料の混合装置をまだ導入していないようでしたら、その導入を検討してみましょう。

　リボン式、スクリュー式、複軸パドル式などがありますが、堆肥化施設全体からみれば大してコストも掛からないので、必要に応じて整備してください。

Q 54. 寒冷期に堆肥化を上手く進める方法は？

冬期は外気温が低いので、堆肥化が難しいようです。寒冷期の堆肥化ではどのようなことに気をつければよいのでしょうか。

A 寒冷期でも堆肥化は進みます。気温が低いと微生物の活動が鈍いため、発酵温度が上がりにくいと考える人が多く、寒冷期は切り返しや底部送風をひかえる必要があると思われているようです。しかし、堆肥発酵の基本である十分な酸素の供給は、寒冷期であっても不可欠です。

外気温が低くても、水分と酸素が十分にあれば、有機物の分解が始まり、温度を上昇させます。いったん温度が上がり始めれば、酸素の供給をおこたらない限り、堆積物内部の微生物活動が鈍くなることはありません。

■前処理（水分、比重調整）が重要

冬期の堆肥化を難しくしている原因は、外気温が低いということよりも、外気温が低いために水分の自然蒸発量が減少することにあります。冬期の自然蒸発量は夏期の1/4程度になります。とくに寒冷地の厳寒期では、自然蒸発量がゼロになることも珍しくありません。

畜舎での自然蒸発量が少なくなると、夏より水分の高い畜ふんが堆肥化施設に搬入されるため、その分、副資材の混合割合を増やす必要があります。また、「戻し堆肥」を利用している場合には、堆肥化による水分減少も少なくなるため、夏よりはるかに高水分の堆肥が戻ってくることになります。

これらのことが原因で、寒冷期は前処理が調整不足になるため、空気の供給が悪く、堆肥化が難しくなるわけです。

■5℃程度でも活動する微生物はいる

寒冷期であっても、堆肥化材料が凍結してしまった場合は別ですが、水分、比重の調整、混合を確実に行えば、活発な堆肥発酵ができます。上手く温度が上がらないときは、夏より多量の副資材を混合して投入してみてください。外気温が低くても、酸

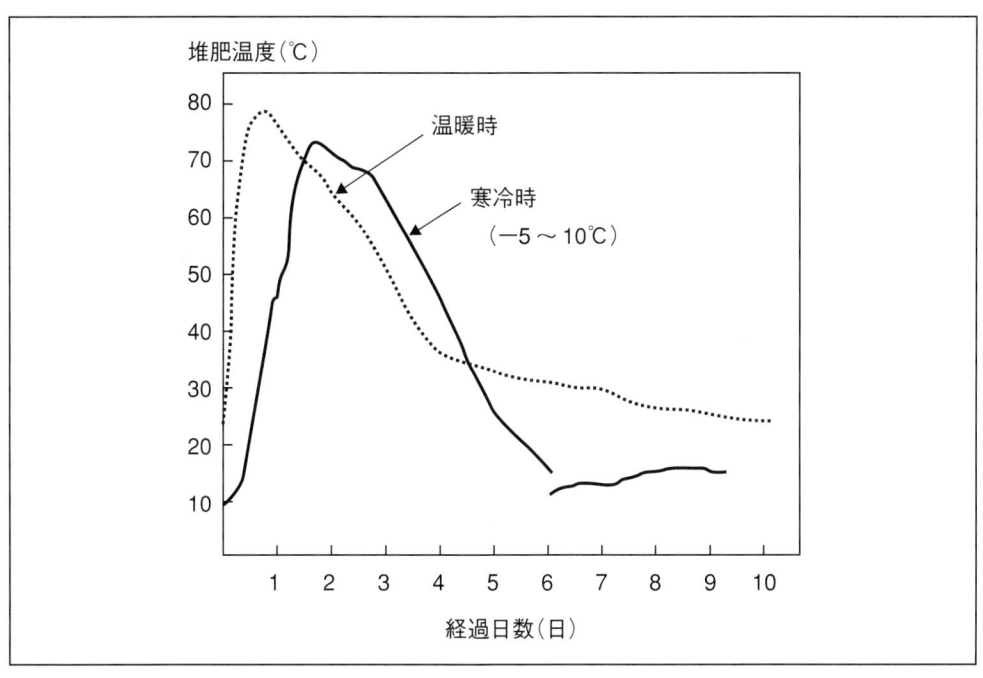

図16　環境温度が異なる場合の堆積温度の経過

(伊澤ら)

素の供給さえ確保されれば夏期に近い状態での堆肥化も可能です。5℃程度でも活動する微生物がいるので、最初の温度上昇はゆっくりになりますが、発酵は始まります。

図16は、温暖時と寒冷時における堆積初期の温度経過をみたものです。−5〜10℃でも立ち上がりは多少遅れるものの、管理が適切であれば温度は上がり、堆肥化が可能なことを示しています。寒冷期に温風を強制通気して温度を維持しようとする試みもありますが、その必要はありません(**Q50、91頁**)。

Q55.強制通気の効果が感じられないが、理由として考えられることは？

> 強制通気しているのですが、堆肥化が促進されているように思えません。どこを点検すればいいのでしょうか。

A 堆肥発酵を速める方法として、堆積物底部からの通気がよく利用されています。大規模化して飼養頭羽数が多くなると、大量のふん尿が毎日排せつされるので、堆肥化を効率よく進めるには、通気は不可欠とさえいえます。

ところが、通気を十分に機能させるのはかなり難しいため、能力を発揮できていない施設が多くみられます。

効果がないのならば「無駄な通気のための送風機を止めること」で、コストダウンができるとする考え方もありますが、強制通気なしで、日々排出されるふん尿をきちんと堆肥化できるだけの施設の規模と手間があるでしょうか？

多くの場合、その施設は強制通気による堆肥化促進を見越して設計されているので、強制通気なしでは処理しきれなくなります。効果がないからと諦めないで通気の条件を見直し、改善の努力をしてみるのが先決です。それでも駄目なら「送風機を止める」のも1つの選択肢です。通気の効果が上がっていない施設には、次のような問題点がみられるので確認してください。

■原料の前処理は十分に行われているか

強制通気の設備がついていても、副資材の量はそれほど減らせません。堆積してから2日間で温度の上昇がみられないならば、**Q42（80頁）**に従って、適切な容積重になっているかどうかを調べてください。また、堆肥化原料の丁寧な混合も重要です。

よくある事例ですが、自動切返し機がついている発酵槽にふん尿と副資材を混ぜずにそのままサンドイッチ状に積み重ね、切り返しで混合させているところがあります。これでは、数日経って切り返しが数回なされてから、ようやく堆肥化がスタートすることになります。最初の数日分だけ堆肥化施設を余分に必要とし、通気にかかる電気代も無駄となります。

第 7 章　トラブルシューティング

■通気管理が適切か

　原料の容積重を適切にし、十分に混合してから堆積したとしても、通気口の配置と堆積の高さの関係が不適切だと、強制通気した空気が、堆積物に十分に浸透しません。

　通気している堆肥舎で、側面から見たとき、図17 のようになっていることがあります。このような状態だと、送った空気の多くが手前の方（図の右端）に抜けていってしまいます。こうならないようにするには、空気の供給範囲と堆積の高さの関係を図18 のように改善するとよくなります。

　同様の堆肥舎で、図19 のように、日々出てくるふんを数回に分けて積み込んでいる場合があります。積み込みが少ない間は、送った空気が先の方から抜けてしまいますから、通気の効果は出ません。また、積み込んだ後、原料は自重で密厚されていきますから、積み込みが終わるまでに1週間以上かかるような場合は、同じように副資材と混合して調整したとしても、最初に積み込んだ部分と、後から積み込んだ部分では、空気の通りやすさが違います。

　そうなると、全てを積み終わったとしても、空気の多くが後から積み込んだ方に抜けてしまうので、均一な通気ができません。このようなときは図20 に示すように、途中の堆積の仕方を変えて通気を開始すると、その効果が十分発揮されます。この場合は、この間の堆積は高さが設計値より少ないので、通気時間を少なくして電気代を低く抑えることができます。

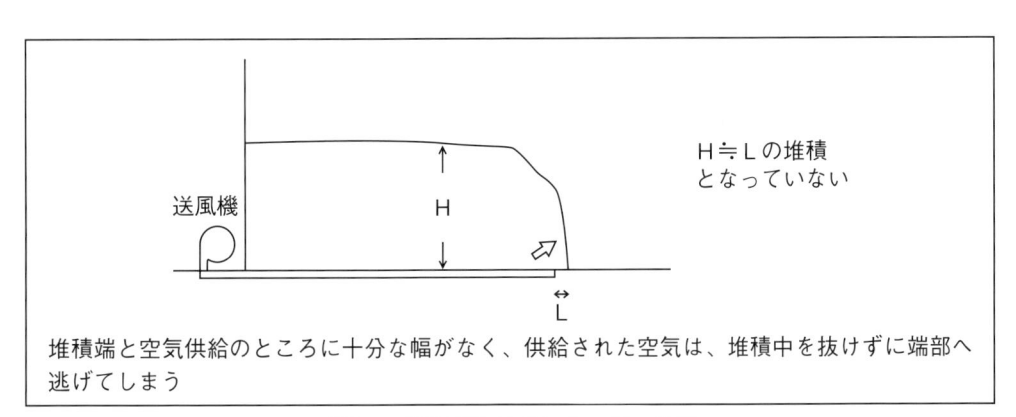

図17　通気が抜けてしまっている例

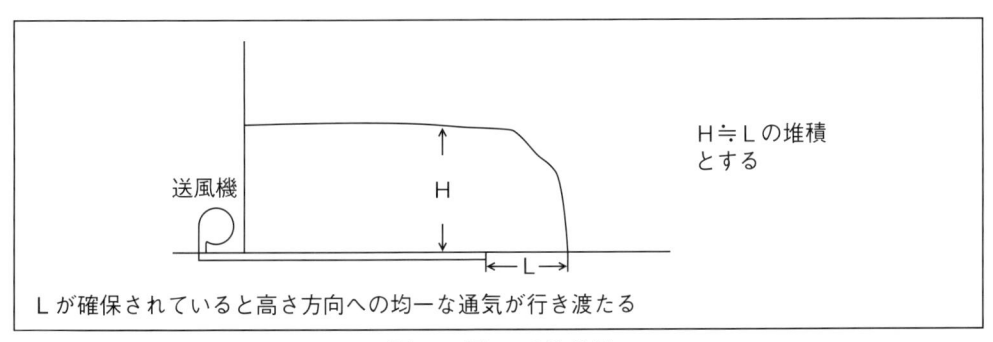

図18　図17の改善例

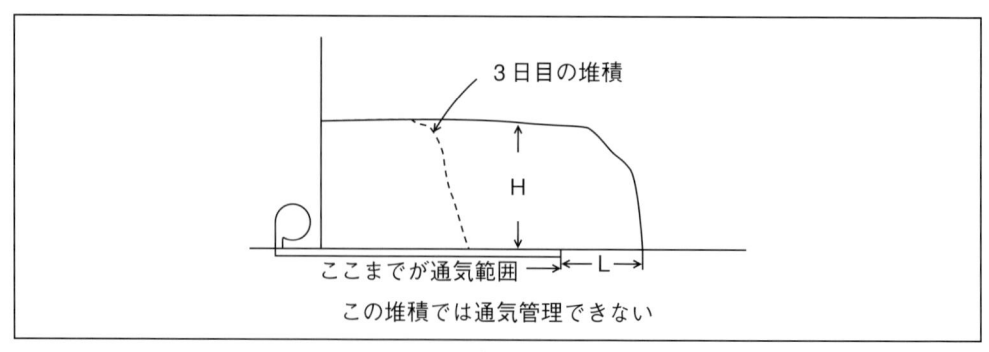

図19 堆積が高すぎる例

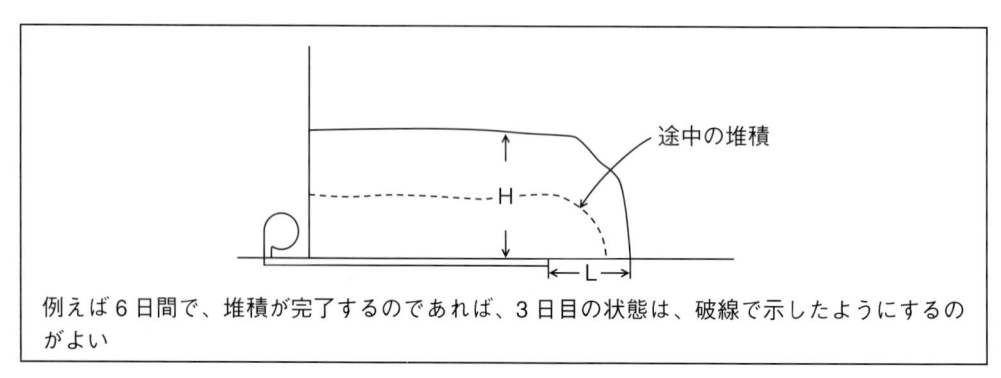

図中ラベル：3日目の堆積／H／L／ここまでが通気範囲／この堆積では通気管理できない

図20 図19の改善例

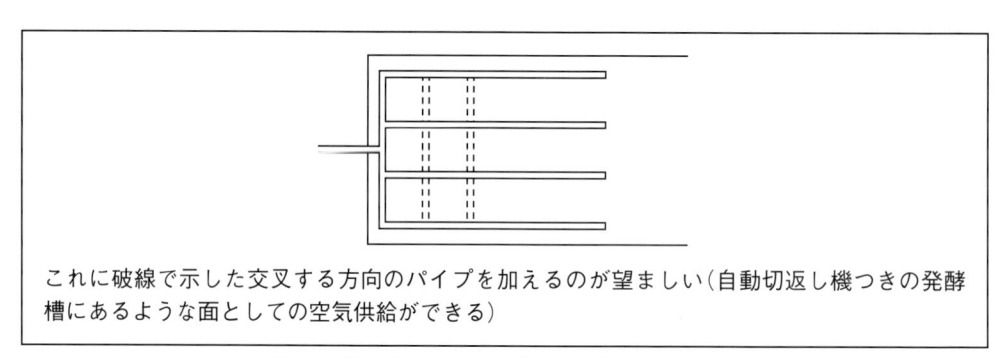

図中ラベル：途中の堆積／H／L／例えば6日間で、堆積が完了するのであれば、3日目の状態は、破線で示したようにするのがよい

図21 堆肥舎における通気パイプ配置（平面図）

これに破線で示した交叉する方向のパイプを加えるのが望ましい（自動切返し機つきの発酵槽にあるような面としての空気供給ができる）

　堆肥舎を上から見た平面図（**図21**）で考えると、車両の走行を考慮して奥行き方向に櫛状に管路を入れるのが一般的です。一番通気が行き渡りにくい奥の部分に横にも管路を入れて格子状にすると、通気の徹底の面で改善がみられます。施工費と効果のバランスで採否を決めてください。

▌通気口が塞がっていないか

　堆肥舎の場合、ローダーで上を走行するため、通気口が塞がってしまいがちです。堆肥を排出した際には通気口を確認し、その周辺だけモミ殻などを散布して、通気を確保するようにします。

自動切返し方式の発酵槽の場合、入り口と出口以外は常に堆積した状態になっているため、通気口の状態の確認ができません。このようなときは、送風機の制圧で確認するようにします。また、前調整が不十分な材料を投入してしまったりすると、底に固い層ができてしまうことがあります。

　メーカーによっては、この層を破砕するための爪を付け替えて対処する方式を提案しているところもあります（常時この爪を付けていると、堆積の下に設けた緩衝のためのモミ殻等の層も破壊してしまうおそれがあるので、破砕が目的のときだけ特別に付ける方式としている）。

　そういったものがないならば、労力はかかりますが人力で層を破砕したり、堆肥原料を取り除いてローダーなどで破砕するしかありません。いずれにしても通気抵抗が極端に大きい層ができると通気管理を阻害するので、対策を講じなければなりません。

■空気が通りすぎる層（抜け道）を作っていないか

　通気口からの空気を全体に拡散させようと、床一面にオガ屑などを敷き、その上に原料を載せている場合があります。オガ屑の層が厚いと、空気はオガ屑の層を伝って壁面や前面から抜け出てしまいます。

■通気量が多すぎないか

　通気量を極端に過剰にすると、堆肥化促進よりも乾燥や冷却効果の方が強く現れてしまいます。必要とされる通気の量は、堆積 $1\,m^3$ 当たり毎分 $50\,L$ 程度です。これが、縦方向のみに移動していると考えても、空気の移動速度は毎分 $5\,cm$ にしかなりません。これよりも多くした方が、分解速度を上げられる場合もありますが、通気量の増加はそのための動力費も増加させます。これについては、**Q45（85頁）** をみてください。

■配管の抵抗が大きくないか

　堆積物の中を通る空気は、毎分 $5\,cm$ 程度の速度でしかありませんが、送風機から送る空気の量は相当なものになります。配管の口径の大きさはもちろん、配管の曲がりの大きさを変えるだけでも抵抗がかなり違ってきます。

Q 56. 強制通気に電気代が掛かりすぎるが？

> 堆肥化を促すために通気をしていますが、電気代の負担が大きすぎます。なんとかならないのでしょうか。

A まずは、通気量が適切かどうか **Q46（86頁）**に従って確認してみてください。
　本来、堆肥化促進のための通気の量は大変小さいので、堆積を抜けるための動力は、それほど大きいものを必要としません。ところが大きい送風機1台で全部を管理しようとして配管に多くの分岐を作った場合は、途中の管路の抵抗が大きくなってしまっているために、電気料金が高くなっている事例が多くみられます。この場合は曲がりの部分のカーブを大きなものに変えるだけで、抵抗がかなり減ります。根本的な解決は、より適切な配管や送風機に改修することです。
　そのうち堆肥化方法を変えるかもしれないと考えて必要以上に大きな送風機を導入してしまい、電気代がかさんだり、うまく通気管理ができていなかったりしている例もあります。設計の段階での適切な通気管理規模と送風機の選択が大切なのです。大きすぎる送風機を導入してしまった場合は、適切な大きさの送風機に交換するのがよいのですが、インバータを導入することにより、調節が容易になり電気代を抑えることができます。
　送風機を交換したり、インバータを導入したりするときは、焦らず中古の物品を探すと、出費を抑えることができます。
　夜間電力の有効利用も電気代の節約のためには一考に値します。

Q 57.堆肥舎の壁際が水っぽくなったり、乾いてしまうことがあるのはなぜか？

> 堆肥化の途中で、堆肥舎の壁際が水っぽくなっていたり、逆に乾いてしまうことがありますがどうしてでしょうか。防ぐ方法はあるのですか。

A 堆肥舎で、堆積型の堆肥化をしている場合にはよくみられることです。いずれにしても、その部分は堆肥化が進みませんから、対応が必要です。

■ 壁際が水っぽくなる

壁際の水分が高くなるのは、堆積内部の温度が上がっているとき、壁際が相対的に低温となって、この温度勾配があるために結露するケースです。冷たいビールを注いだコップの外側に水滴がつくのと同じ現象です。ですから外気温の低い外と接する壁のところは水っぽくなっても、堆積の区切りとなっていて両側に堆肥があるような壁では、温度差がそれほど生じませんから壁に水滴がつくようなことはありません。

対策としては、堆肥舎の配置でどうしても冷やされやすい壁があるときには、壁の外側に断熱効果を持つ資材を張る、あるいは外側を堆肥の貯蔵場所にすれば改善されます。

■ 壁際だけ乾いてしまう

壁際だけ乾いてしまうことがあります。これは、通気の管理がうまくいかず、壁際を空気が抜けていって乾燥効果をもたらしているからです。この原因として、通気のための配管の配置に問題があるか、堆積のときに壁際に空気を通しやすい材料が集中しているなどの理由が考えられますが、配管の問題なのか、堆積の不均一性の問題なのかに応じて改善策は異なるので、まずは原因をはっきりさせることです。

一番悪いのは、解決できていないのに、そのまま通気を続けることです。一度できてしまったこのような空気の抜け道は、通気によっては改善できず一層助長してしまいます。

Q58. 送風機の防音対策は？

発酵槽底部からの送風を行っていますが、送風機の運転音が大きいので困っています。よい防音対策はありませんか。

A 防音対策は、音源を変えるか、遮音するかのいずれかになります。遮音は騒音被害を訴える場所と音源の間に遮音効果を持つものを設置することになります。また、反射音が届いているような場合には、反射面に発泡ウレタンのような吸音効果のある資材を貼ることが考えられます。

次のような対策もあるので、実施できそうなものを試みてください。

防音装置がないかどうかメーカー等に問い合せる

運転音が大きな送風機には、オプションとしてサイレンサーや消音ボックスが必ず用意されています。送風機のメーカーや代理店に問い合わせてみるのがよいでしょう。

低風圧型送風機に替える

運転音が大きくて困るくらいなら、高風圧型（静圧 1000 mm 水柱以上）の送風機と思われます。発酵槽底部からの送風は、低風圧型（静圧 200 mm 水柱程度）の送風機でも堆肥発酵に対する機能は変わりません。できれば、運転音の静かな低風圧型送風機に交換するとよいでしょう。低風圧型送風機は、同じモーター出力で高風圧型の数倍の送風量があるので、電気代を大幅に節約することもできます。

送風停止が防音対策になる可能性もある

ふんや漏汁、堆積物による送風配管の詰まり、発酵槽底部の岩盤状の堆積物、送風量不足や不適正な配管法、比重調整不足などが原因で送風効果が発揮されていない施設が多くみられます。このような場合は送風が無駄になっていることがあるので、試しに送風を停止してみてください。発酵機能があまり変わらないようであれば、送風停止が防音対策になると同時に、節電にもなります。しかし、これは、あくまでも防音対策の最後の手段です。

第8章

品質と評価

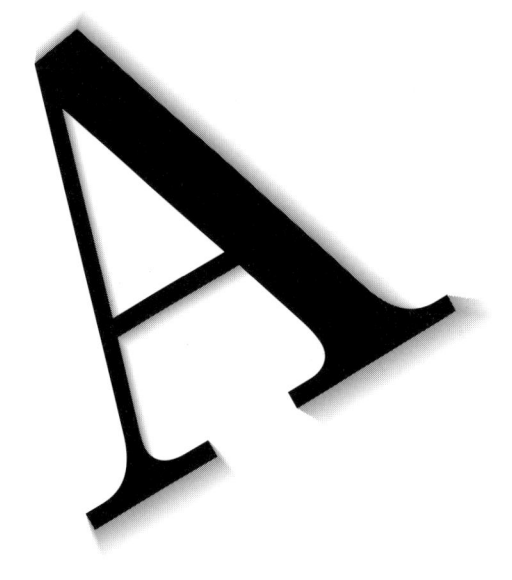

Q 59.家畜ふん堆肥の成分含量はどのくらいか。畜種や堆肥化施設で差があるか？

家畜ふん堆肥の成分にはどんなものが、あり、各成分の含量はどのくらいですか。畜種や堆肥化施設でどのような違いについても教えてください。

A　家畜ふん堆肥の成分は、畜種によっても異なりますが、副資材に何を使ったかによっても大きく変わってきます。堆肥化施設の違いによって、堆肥化期間にはかなり差があるのですが、目的は「腐熟堆肥を作る」ということで同じですから、堆肥の成分的な差はほとんどありません。ただし、水分含量だけは、堆積発酵の場合、機械撹拌や密閉型の堆肥化装置に比較して高くなる傾向があります。なお、堆肥の成分は水分以外は乾物堆肥中の含量で表すのが普通です。

　畜種や副資材によってどのような成分の堆肥ができるかを知っておくことは、耕種農家のニーズに応える上できわめて重要なことです。

■畜種による違い

　表11には、最近の調査による畜種別の堆肥成分値を示しました。分析を実施した試料の平均値、最大、最小値、それから標準偏差が示してあります。平均値±標準偏差の範囲の中に全体の約6割が入るので、実際に堆肥を分析してこの中にあれば、通常の堆肥であると理解していただいて結構です。

　図22には畜種別の堆肥の水分含量、図23には主な成分の畜種による違いを示しました。水分は牛で高く、灰分（無機質含量）は逆に豚や鶏で高くなっています。これは電気伝導率（EC）でもいえることです。

　C/N比は牛で高く、豚や鶏で低くなっています。これは、牛ふんそのものに繊維質が多いということもありますが、副資材としてC/N比が高いものを使うということも関係しています。

　窒素、リン酸、カリ、カルシウムおよびマグネシウムの肥料成分の5要素は灰分やECの傾向と類似しており、一般に牛で低く豚と鶏で高くなっています。

　図には示してありませんが、表11によると、豚では銅と亜鉛の含量が著しく高く、

第8章 品質と評価

表11 畜種別の堆肥の成分

畜種	試料数	集計方法	水分* %	灰分 %	pH	電気伝導率 EC mS/cm	全窒素 %	全炭素 %	C/N比	アンモニア ppm	P₂O₅ %	K₂O %	CaO %	MgO %	銅 ppm	亜鉛 ppm	発芽率 %	酸素消費量 μg/g/min	評価点数	最高温度 ℃	処理期間 日	持続期間 日
乳用牛	319	平均	52.3	28.7	8.6	5.6	2.2	36.6	17.6	349	1.8	2.8	4.4	1.5	50	167	97.0	1.7	72.1	70.7	108.1	18.3
		最大	82.9	73.8	9.7	12.2	5.6	46.3	40.8	4,971	13.3	7.7	18.8	6.6	906	893	100.0	8.0	100.0	90.0	400.0	210.0
		最小	15.7	10.1	7.0	3.1	0.9	17.2	7.0	5	0.5	0.2	0.7	0.3	5	43	70.3	1.3	25.0	30.0	4.0	0.0
		標準偏差	14.0	11.4	0.6	1.4	0.7	6.4	5.2	469	1.1	1.2	2.2	0.8	72	93	6.5	1.3	14.0	8.5	69.0	24.9
肉用牛	303	平均	52.2	23.3	8.2	5.9	2.2	39.3	19.0	646	2.5	2.7	3.0	1.3	31	149	96.4	1.5	76.5	72.0	135.2	22.9
		最大	76.6	57.7	9.5	10.5	4.1	45.6	39.3	6,155	6.7	7.1	33.9	3.8	313	575	100.0	8.0	100.0	90.0	400.0	180.0
		最小	10.5	11.2	5.3	2.4	0.9	19.3	9.6	7	0.5	0.4	0.5	0.1	3	35	70.0	0.0	27.0	30.0	7.0	2.0
		標準偏差	13.0	8.3	0.8	1.3	0.6	4.6	5.4	672	0.5	1.0	2.8	0.6	27	76	7.1	1.3	13.6	8.8	83.4	30.0
豚	144	平均	36.7	30.0	8.3	6.7	3.5	36.5	11.4	1,509	5.6	2.7	8.2	2.4	226	606	91.0	2.7	75.0	70.0	93.2	20.0
		最大	72.0	74.2	12.7	12.7	7.2	45.6	26.6	8,354	22.7	6.6	49.3	5.5	654	1,956	100.0	16.0	100.0	85.0	300.0	200.0
		最小	16.6	10.4	5.5	4.0	1.4	20.2	6.0	14	1.6	0.3	1.8	0.7	45	191	4.4	0.0	44.0	45.0	5.0	2.0
		標準偏差	13.1	9.9	1.1	1.6	1.1	4.7	3.8	1,308	2.8	1.1	6.5	1.0	112	332	19.5	3.1	13.0	7.6	65.4	27.4
採卵鶏	129	平均	22.9	50.3	8.9	7.9	2.9	26.2	9.5	1,429	6.2	3.6	25.8	2.2	58	435	90.8	3.9	75.9	70.9	81.2	9.3
		最大	58.7	74.5	10.1	21.9	6.2	39.2	21.5	5,623	20.9	5.8	53.4	5.1	108	843	100.0	14.0	100.0	80.0	365.0	50.0
		最小	6.4	25.8	7.4	3.8	1.4	16.8	4.9	26	1.7	1.2	1.6	0.3	11	172	58.3	1.0	36.0	55.0	2.0	1.0
		標準偏差	10.2	10.4	0.5	2.0	0.9	4.9	2.8	1,098	2.5	1.0	10.3	0.8	17	138	17.6	3.3	14.4	6.3	82.1	8.0
ブロイラー	27	平均	33.0	27.5	7.9	8.5	3.8	37.4	10.6	2,969	4.2	3.6	8.9	1.9	68	351	67.5	6.2	79.5	71.3	139.8	52.2
		最大	60.1	58.4	9.7	12.1	5.6	43.7	20.1	8,339	9.2	7.6	28.0	2.9	114	658	100.0	22.0	100.0	80.0	350.0	300.0
		最小	15.4	15.6	5.8	3.5	2.1	21.6	7.3	11	1.0	1.1	4.2	0.7	31	126	0.0	0.0	57.0	60.0	10.0	2.0
		標準偏差	12.8	11.0	1.1	2.5	1.1	5.6	3.5	2,505	1.8	1.4	6.3	0.5	21	138	41.3	7.2	12.9	5.5	102.9	82.5
混合**	580	平均	45.6	27.6	8.5	6.3	2.5	37.6	16.4	768	3.2	2.9	6.0	1.5	68	255	94.2	2.0	78.5	73.4	113.2	20.5
		最大	78.8	62.6	9.8	12.2	8.1	53.1	44.3	4,814	13.4	7.5	28.3	5.7	414	1,213	100.0	23.0	110.0	100.0	2,150.0	300.0
		最小	5.4	4.7	5.2	2.9	0.9	17.4	3.9	4	0.1	0.2	0.5	0.1	5	19	11.9	0.0	31.0	24.0	1.0	0.0
		標準偏差	14.4	9.2	0.6	1.6	0.9	4.8	5.7	763	1.9	1.1	4.5	0.8	58	165	14.4	2.4	11.9	8.2	133.3	26.8
全体	1,502	平均	45.3	29.1	8.5	6.3	2.5	36.6	16.0	826	3.3	2.9	7.0	1.6	71	266	94.2	2.2	76.2	72.0	112.4	20.2
		最大	82.9	74.5	12.7	21.9	8.1	53.1	44.3	8,354	22.7	7.7	53.4	6.6	906	1,956	100.0	23.0	110.0	100.0	2,150.0	300.0
		最小	5.4	4.7	5.2	2.4	0.9	16.8	3.9	4	0.1	0.2	0.5	0.1	3	19	0.0	0.0	25.0	24.0	1.0	0.0
		標準偏差	16.0	11.9	0.7	1.7	0.9	6.1	5.9	989	2.2	1.1	7.7	0.8	81	211	14.5	2.6	13.3	8.3	102.9	28.8

* 水分は現物中。それ以外は乾物中
** 混合とは複数の畜種からなる

［堆肥実態調査，前掲］

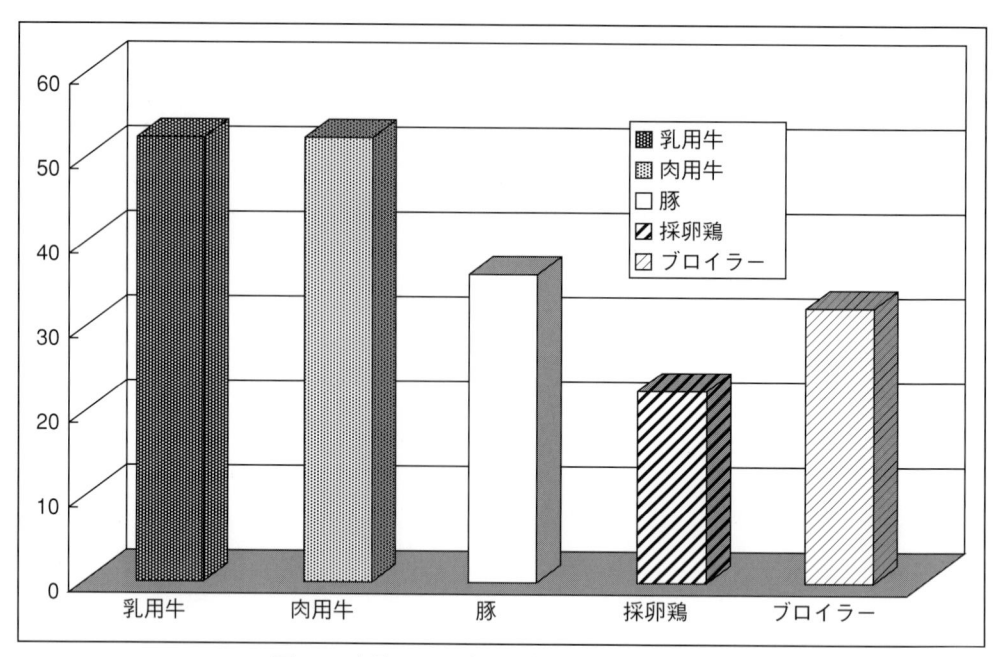

図22　畜種による堆肥の水分含量(％)の違い

「堆肥実態調査，前掲」

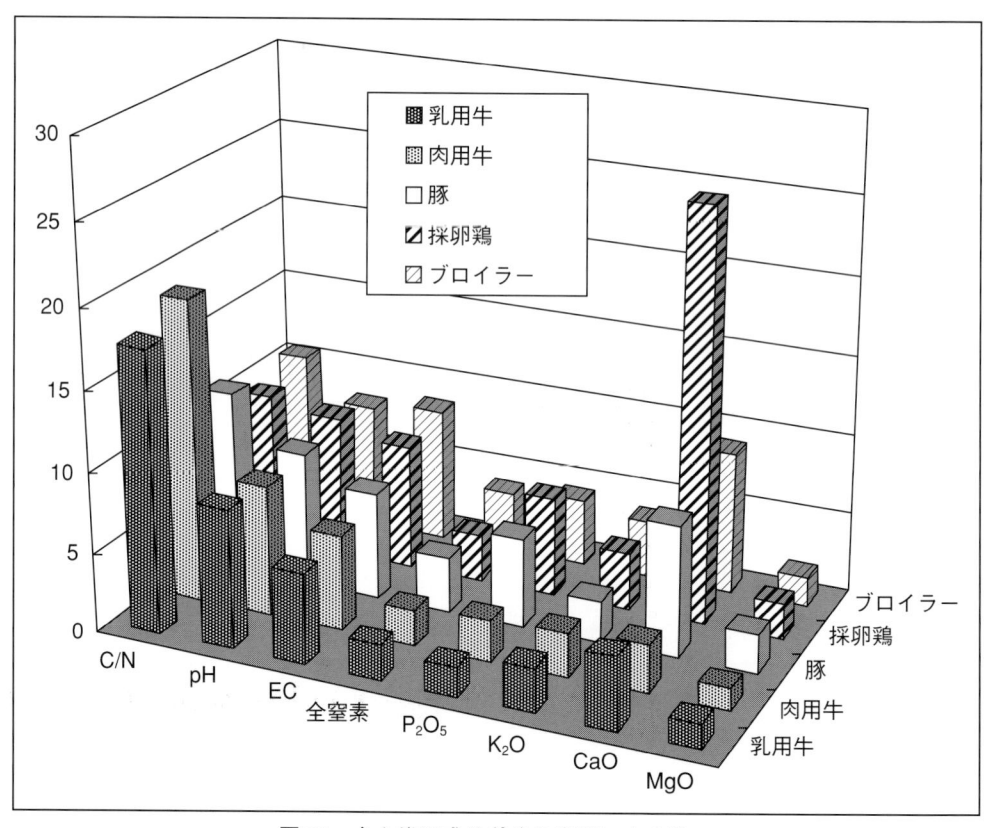

図23　主な堆肥成分(％)の畜種による違い

「堆肥実態調査，前掲」

最大値は品質基準(Q61、114頁)を超えています。鶏は豚ほどではありませんが亜鉛が高くなっています。

生育阻害物質の1つの指標である発芽率および易分解性有機物の残存量を示す酸素消費量をみると、いずれもブロイラーで劣っており、未熟堆肥が多い傾向がうかがえます。

概して、牛では肥料成分が低いため、土壌改良材的な堆肥の使い方、豚や鶏では肥料成分を生かした使い方が向いていると考えられます。

副資材による違い

畜種によって副資材の使用の有無やその種類が異なるので、副資材による成分的な違いははっきりしませんが、オガ屑、モミ殻あるいは複数の副資材を使用した堆肥の水分は、副資材使用なしや「戻し堆肥」使用の場合より高く、窒素、リン酸、カリなどの肥料成分は低くなっています。C/N比は、オガ屑やモミ殻の使用で16〜17と高く、副資材なしや「戻し堆肥」使用では11程度と低いです。ECは逆で、副資材なしや「戻し堆肥」で明らかに高くなっています。

このことから、肥料成分のうすい土壌改良材的堆肥には、オガ屑やモミ殻などの副資材をできるだけ多く使い、肥料成分の高い堆肥の生産では副資材を使わないか、「戻し堆肥」を使用するのがよいと考えられます。

> **一口メモ**
>
> **馬ふん堆肥の成分**
>
> 馬ふんは、窒素含量が少なく、繊維成分が多い特徴があります。また、敷き料としてわらが多量に使われるため、生産される馬ふん堆肥は養分含量が低く、土づくりに適しています。わら混合の馬ふん堆肥の成分の一例は、水分28.5％、他の成分は乾物中含量(％)で、全窒素1.30、リン酸1.06、カリ1.91および石灰1.20となっています。

Q60. 堆肥の成分分析ではどんなことを調べたらよいか？

堆肥の成分分析を依頼したいのですが、どんな項目を調べたらよいのですか。また、どこに分析を依頼できますか。

A 堆肥を耕種農家に使ってもらうときは、「商品」ですから、それがどんな堆肥であるか明示する必要があります。とくに、堆肥の肥料成分は作物の生育や品質に影響を与えるので、堆肥成分を正確に把握することが重要です。

■どんな成分を分析したらよいか

　堆肥の分析項目はいろいろありますが、Q59・表11（109頁）に示した項目のうち、水分から酸素消費量までが主なものです。この他に堆肥の臭いも重要ですから、分析項目に加えるとよいでしょう。
　銅と亜鉛の分析については豚では銅・亜鉛ともに、鶏では亜鉛が高い堆肥が多いため必要ですが、牛の場合は分析する必要はありません。
　発芽率は作物の生育阻害物質の有無、「コンポテスター」による酸素消費量は堆肥に含まれる易分解性有機物含量を知るための重要な指標ですから、ぜひ分析項目に加えてください。

■どこに分析を依頼するか

　都道府県や畜産団体等で分析センターを備えているところがあるので、近隣にあればそこに分析を依頼してください。
　（財）畜産環境整備機構の研究所でも分析依頼を受けているので、問い合わせてください。ここでは、窒素、リン酸、カリ等の一般成分、銅や亜鉛等の特殊成分、発芽率の検査の他に、酸素消費量（易分解性有機物含量）や堆肥の臭いの強さ（臭気指数相当値）を機器による客観的な数値として測定しています。
　図24は、同研究所が堆肥の分析依頼に対して行っている結果の報告様式です。約1500点の堆肥の分析データにもとづいて、依頼された堆肥がどの位置にあるかをレーダーチャートで示しています。また、その堆肥の問題点と改善策をコメントとして加えています。

　（問い合せ先：畜産環境技術研究所、Tel 0248-25-7777　Fax 0248-25-7540）

第8章 品質と評価

検 査 報 告 書

番号
平成18年2月8日

殿

財団法人畜産環境整備機構

畜産環境技術研究所所長　㊞

検査材料受領日 ： 平成18年1月31日
検査材料の名称 ： 堆肥 30日
　　畜　　　種 ： 豚

検査結果を下記のとおり報告いたします。なおこの検査報告書は、当研究所に送付されてきた検査材料について検査したものであって、当該検査材料以外の品質等について証明するものではありません。

検査項目	検査結果		検査方法
水分	49.1	%(現物中)	「堆肥等有機物分析法*」による
灰分	24.0	%(乾物中)	同上
pH	7.6		同上
EC	5.3	mS/cm	同上
窒素全量	2.7	%(乾物中)	同上
燐酸全量	5.4	%(乾物中)	同上
加里全量	1.9	%(乾物中)	同上(ICP法)
石灰全量	3.5	%(乾物中)	同上(ICP法)
苦土全量	1.9	%(乾物中)	同上(ICP法)
炭素率(C/N比)	13.7		同上
銅全量	206	mg/kg(乾物中)	同上(ICP法)
亜鉛全量	576	mg/kg(乾物中)	同上(ICP法)
発芽率	96	%	同上
酸素消費量	6.2	μg/g/min	「コンポテスター」による**
臭気指数	19		「におい識別装置」による**

コメント：
　水分、灰分、C/N比は一般的な範囲の堆肥です。pH、ECも一般的な範囲です。
　いずれの肥効成分も適度に含んでいます。
　豚ふん堆肥としては、銅、亜鉛は一般的です。発芽率は高いですが、酸素消費量がやや高いことから、やや未熟な堆肥とみられます。もう少し日数をかけるとよいかもしれません。
　臭気は一般的な堆肥の臭気です。

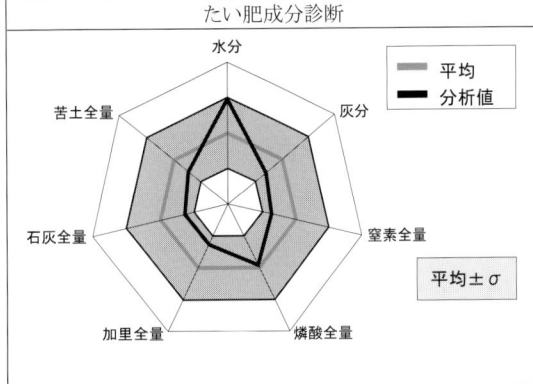

たい肥成分診断

* 農林水産省農業環境技術研究所「肥料分析法」(1992)に準じた方法（日本土壌協会）
** 畜産環境技術研究所方式

図24　堆肥の成分分析の報告書(例)

Q61. 堆肥の品質基準は？

堆肥の品質基準があると聞きましたが、家畜ふん堆肥の基準はどのようになっていますか。

A 全国農業協同組合中央会（全中）により、堆肥等の特殊肥料についての品質保全推奨基準が示されています。家畜ふん堆肥については、**表12**のような基準が示されていますが、鶏ふん堆肥はこの基準からは除かれます。

Q59・表11（109頁）に示されているように、現在生産されている家畜ふん堆肥のほとんどは、これらの基準を満たしていますが、ECだけは、大部分の堆肥で基準値よりも高くなっています（**Q71**、133頁参照）。

表12　家畜ふん堆肥の品質基準

基準項目	基準値
有機物	60%以上
C/N 比	30 以下
全窒素量	1%以上
全リン酸（P_2O_5）	1%以上
全加里（K_2O）	1%以上
銅	600 ppm
亜鉛	1,800 ppm
水分	70%以上 *
電気伝導率（EC）	5 mS/cm 以下 *

植物の生育に異常を認めないこと
＊現物当たり、他の項目は乾物当たり

「全中・有機質肥料等品質保全研究会、1994」

一口メモ

堆肥と土壌の銅と亜鉛含量の基準値

　銅と亜鉛はいずれも作物にとっては必須元素ですが、むしろ過剰が問題になっています。家畜ふん堆肥は、肥料取締法上は特殊肥料に位置づけられ、銅は現物1 kg当たり300 mg以上、亜鉛は同じく900 mg以上を含む場合はその濃度を表示する義務があります。

　一方、全国農業協同組合中央会(全中)による品質基準では、堆肥中の銅および亜鉛は、それぞれ、600 mg/kgおよび1800 mg/kg(いずれも乾物中)となっています。

　農用地土壌の管理基準として、亜鉛は表層土壌の乾物1 kg当たり120 mg以下と定められています。また、銅については、水田に限って農用地の環境基準として、乾燥土壌1 kg当たり125 mg以下が定められています。一度、土壌診断により亜鉛と銅の含量を測っておくと安心です。

Q62. 堆肥の成分は腐熟の進行でどう変わるのか？

家畜ふんや副資材の成分は堆肥化によってどのように変化するのでしょうか。

A 堆肥の詰め込み材料や製品堆肥の成分は、水分とそれ以外の乾物に大別できます。乾物はさらに、炭水化物、脂肪および蛋白質の有機物とリン、カルシウム、カリウムなどの無機物（灰分）に分けられます。Q2（4頁）では、全体的な堆肥化にともなう成分変化について述べましたが、ここではやや詳しく、各成分が堆肥の腐熟につれてどう変化するか、みてみます。

■水分

有機物の分解で水が生じます。ですから、水分は腐熟が進むにつれて次第に増えそうですが、発酵熱や乾燥処理によって蒸発するため、水分含量は一般に低下します。

■有機物

好気的分解の仕組み

炭水化物と脂肪は好気性条件では、空気中の酸素と反応して、最終的には二酸化炭素（炭酸ガス）と水にまで分解されます。この反応は燃焼と原理的には同じですが、堆肥化では微生物が持っている酵素の働きで低い温度でゆっくり反応が進みます。ですから、堆肥化は常温近くで起きる「ゆるやかな燃焼」ともいえます。

炭水化物は次式のように反応します。

$$C_m(H_2O)_n + mO_2 \rightarrow mCO_2 + nH_2O$$
炭水化物　　酸素　二酸化炭素　水

この反応で発生する熱量は、炭水化物で4200kcal/kg、脂肪で9400 kcal/kg程度で、脂肪の方が単位重量当たり2倍以上の熱量を持っています。これらが発酵熱として堆肥の温度を高めることになります。

以上は酸素の供給が十分ある好気的条件で起きることで、酸素の供給が不足している嫌気的な状態になると、「燃焼」せずに有機酸が生じてpHが低下します。pHが低下すると堆肥化は遅れ、pHが5以下になると発酵はほとんど停止してしまいます。このことからも、堆肥化では空気（酸素）の供給による好気的分解がいかに重要である

かが分かります。有機物の好気的分解と嫌気的分解の違いについては、**Q31（56頁）**を参照してください。

蛋白質の分解

好気的分解では、蛋白質も、炭水化物や脂肪と同様に「燃焼」して水と二酸化炭素に変わります。蛋白質の特徴は、窒素と硫黄を含んでいることで、そのため分解によってアンモニアや硫黄化合物を生じます。アンモニアは水に溶けやすいので、堆肥化材料の pH を高める働きがあります。

また、硫黄化合物は、酸素が十分にあれば硫酸になります。これとアンモニアが結びつくと窒素肥料として使われる硫安になるのでまったく問題はありません。しかし、酸素が不足している条件では、硫化水素が発生して悪臭の原因物質になります。なお、蛋白質の発生熱量は、5600 kcal/kg 程度です。

易分解性有機物と難分解性有機物

有機物には、微生物によって容易に分解される易分解性有機物と分解が比較的困難な難分解性有機物があります。蛋白質や脂肪は一般に易分解性有機物ですが、炭水化物には、分解されやすい糖や澱粉のほかに、分解されにくいセルロースやリグニンがあり、これらの多くは堆肥の腐熟が進んでも分解されずに堆肥中に残ることになります。

無機物（灰分）

500℃以上の高温で燃焼させても灰として残る成分のことです。無機物には、カルシウムやリンなどが多く、カリウム、マグネシウム、鉄、マンガンなど作物の栄養成分として重要なものが含まれます。これらの無機物は堆肥の腐熟が進んでも、消失することはありません。堆肥の腐熟が進むほど有機物が少なくなるので、無機物の相対的濃度は高くなります。

堆肥化の最終生産物

堆肥化によって易分解性有機物が分解され、最終生産物として残存するのはセルロースの一部やリグニン、フミン酸のような腐植質、微生物群とその遺骸などです。これらには無機物のように肥料成分はほとんど含みませんが、土壌に施用すると細粒の土壌粒子の接着剤の役割を果たし、「水もち」と「水はけ」のよい団粒構造を発達させます **Q75（142頁）**。また、肥料成分の保持機能もあります。堆肥化で残った微生物も土壌微生物を多様化させることにより、作物の生育にプラスの効果があると考えられています。

■一口メモ

pHとは？

　堆肥や土壌の分析・診断項目の中でもっとも基本的なものの1つです。pHは堆肥や土壌の水抽出液中の水素イオン濃度H^+の大小を示す指標ですが、対数で表されるため、水素イオン濃度が高いほどpHの値は低くなります。0～14.0の間の数値で表され、7.0が中性です。それ以下が酸性、それ以上の場合がアルカリ性といわれます。pHの測定法は、簡便なものでは試薬やpH試験紙による方法がありますが、精度が高い方法ではpHメーターを利用します。

堆肥のpHと発酵速度

　堆肥の発酵は、pH8～10で最大となり、pH5以下では発酵がほとんど止まります。堆肥に局部的な嫌気部分が生じると、酢酸のような有機酸が発生してpHを下げることになります。空気を過不足なく送り、切り返しを適切に行って嫌気状態にしないように気をつけてください。蛋白質の分解でアンモニアが生じてpHを高めますが、ある程度pHが上昇するとアンモニアガスとなって揮散するので、堆肥化に障害が出るほどpHが上昇することはありません。

難分解性有機物とリグニン

　植物の細胞壁には、セルロース、ヘミセルロースといった多糖類の他に、リグニンという物質が存在します。若い植物の細胞壁はリグニン含量が少なく、また、セルロースやヘミセルロースも、微生物が分泌する酵素で比較的容易に分解されます。ところが、成熟した植物、とくに樹木ではリグニン含量が高く、セルロースやヘミセルロースはリグニンに囲まれたり、リグニンと化学結合したりしているため、分解が著しく困難です。なお、リグニンを分解できるのは、キノコの仲間の白色木材腐朽菌だけとされています。

　家畜ふんや副資材に含まれるでんぷん、蛋白質、脂肪は堆肥化過程で容易に分解されますが、リグニンやそれと結合したセルロースやヘミセルロースなどの難分解性有機物は堆肥化の後熟期（二次発酵）あるいは土壌に施用されてからゆっくり分解されることになります。

Q63. 完熟堆肥とは？

耕種農家から「完熟堆肥がほしい」といわれますが、人によって完熟堆肥の定義が異なり、耕種側でも完熟堆肥の定義がはっきりしていないようなので困っています。完熟堆肥とはどのような堆肥なのですか。どこまで発酵すれば完熟堆肥になるのですか。

A 「完熟」堆肥が欲しいといわれて、どのような堆肥が「完熟」か分からず戸惑うのはよく分かります。「完熟」といっても、いろいろな人がいろいろな意味で使っており、それほど単純なものではないということをまず理解してください。

　字句の意味からすると、完全に腐熟した堆肥ですから、「すべての有機物が分解した堆肥」とも取れます。このようなものは長い時間を掛ければ作られるかもしれませんが、燃えて残った灰のようなものですから、もはや「堆肥」とは呼べません。耕種農家がこのような堆肥を望んでいるはずがありません。有機物を含むところに堆肥の価値はあるのですから、有機物は残しておかなければなりません。

■易分解性有機物の消失が「完熟」の目安になる

　家畜ふんには、易分解性と難分解性の有機物が含まれていますが、易分解性有機物が多量に残った堆肥を施用すると、酸素欠乏状態による作物への障害が心配されます。また、土壌が嫌気的状態で易分解性有機物が分解すると作物に有害な各種の悪臭ガスやフェノール酸が発生する恐れがあります。難分解性有機物は、土壌中でゆっくりと分解されるため、そのようなことはありません。

　したがって、作物や土壌に弊害を及ぼす心配のある易分解性有機物を分解させ、土壌や土壌微生物に有効な働きをもたらす難分解性有機物を残した堆肥を一応「完熟」堆肥と呼ぶことができます。しかしながらどこまでが易分解性有機物で、どこからが難分解性有機物かということになるとその区分は明確ではないため、「完熟」か否かの区分も曖昧になります。また、Q76（144頁）で示すように、作物や使用目的によって要求される堆肥の腐熟度合いが異なるため、この点からも「完熟」の意味するところに食い違いが生じます。

■ 堆肥の品温の変化で「完熟」を知る

　豚ぷんに副資材としてパーライトを用いて堆肥化した場合の有機物の減少状況の一例を図25に示しました。堆肥化過程で、30日目頃までは有機物は急激に分解されますが、この比較的速やかに分解する有機物が、易分解性有機物と呼ばれるもので、有機物全体の50％弱に相当することが分かります。その後、有機物の分解はごくゆっくりしたものになり、3ヶ月経っても、有機物の含量はほとんど減っていません。図25の例は、豚ぷん堆肥の場合ですが、牛ふん堆肥では難分解性有機物が比較的多いため、有機物の20〜40％が易分解性有機物です。

　このように、有機物含量を堆肥化の最初から継続的に分析すれば、その変化から易分解性有機物が分解されたかどうかを判断できますが、この方法は現実的ではありません。これに代わって、堆肥の品温の変化で「完熟」か、どうかを知ることができます。堆肥化過程で易分解性有機物が分解すると発酵熱が急激に発生し、堆肥の品温が上がりますが、ピークを過ぎ温度が次第に低下して、品温の低下傾向が止まれば、易分解性有機物の分解がほぼ終了したと判断できます。

■ 易分解性有機物含量を直接測る

　易分解性有機物がどの程度消失したかは、堆肥の品温の変化を観察すれば判断できるわけですが、最近、堆肥に含まれる易分解性有機物含量が比較的簡単に測れる腐熟度判定法が開発されました。詳しくはQ66(124頁)を参照してください。

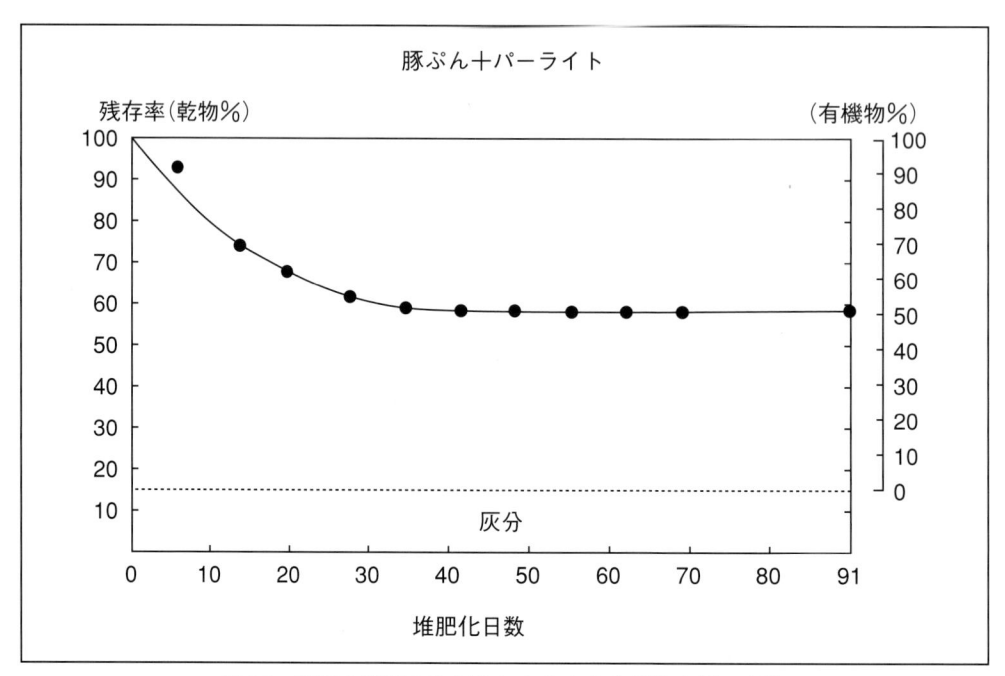

図25　豚ぷん堆肥の堆肥化にともなう有機物含量の変化

(原田ら)

■易分解性有機物が少なくなれば「完熟」か

　易分解性有機物が十分に少なくなったからといって、必ずしも安全に施用できるといえないところがあります。堆肥の中に、フェノール酸などの作物に対する生育阻害物質が含まれることがあるからです。この存在の有無は、発芽試験や幼植物試験（Q73、136頁）で判定することになります。しかし、堆肥発酵が好気的に行われ高温発酵を経過した堆肥であれば、これらの生育阻害物質も十分に消失していると判断してよいと考えられます。嫌気的発酵では、生育阻害物質が生じやすいので、好気的発酵を心掛けてください。なお、発芽試験は比較的安価に分析依頼できますから、一度試しておくと安心して施用できます。

　堆肥が高温発酵を経て、これによって、ふん尿のもつ汚物感、病原性微生物や雑草種子の発芽の心配がなくなり、また、易分解性有機物が十分少なくなり、さらに、生育阻害物質が含まれなければ、それで「完熟」堆肥と呼んでもよいと思われます。

■堆肥ユーザーのいう「完熟」の意味を確かめ、それに応える

　「完熟」堆肥が欲しいという人の中には、水分が少なくてさらさらしている堆肥とか、肥料成分ができるだけ少ない堆肥とか、既述の定義に当てはまらない堆肥を「完熟」堆肥と考えている人が多いのも事実です。「完熟」堆肥の意味するところを具体的によく聞いて、そのニーズに合った堆肥を提供することが重要です。

> **一口メモ**
>
> **堆肥は生き物。「これでもう完熟」はない**
>
> 　堆肥は常に分解が進む（進んでしまう）ものであり、その点では、生き物（あるいは私たちの生活でいう「なまもの」）と考えるのが妥当です。ビンや缶に詰められたビールでも、製造後の日が経過すると味が変わってしまうように、堆肥でも変化は続きます。ただし、土に還した後の変化は、地上で貯蔵しているのとは段違いに激しいところがあります。これは、ビールを飲んだ後、私たちの体内で起こる変化の急激さを思い浮かべれば理解できることです。その点、「完熟」堆肥という語には、ある状態に固定してまったく変化しない物質としてのイメージがあります。そうではなく、堆肥を使う立場から、ある状態に達していることを示すものとして、それぞれの場で「完熟」は特定されるべきです。重ねていえば、「堆肥」は常に分解途上のものであり、一般的な「完熟」はあり得ないのです。

Q64. 堆肥の C/N 比で腐熟度が分かる？

> 堆肥の C/N 比を測れば腐熟度が分かるといわれましたが、本当ですか。

A 昔の堆肥はわらや雑草、落ち葉などが堆肥の材料でしたから、最初は C/N 比がかなり高く、発酵が進むにつれて下がってくるので、ある程度はこれで腐熟度を判断することができました。しかし、家畜ふん堆肥では腐熟につれても C/N 比は大きく変化せず、鶏ふん堆肥では発酵につれて C/N 比はむしろ高くなります。ですから、C/N 比で腐熟度を判断することは難しいのです。

家畜ふん堆肥では、C/N 比での腐熟度判定は難しい

　堆積物中の C/N 比は、鶏ふん堆肥等の場合を除けば、一般に堆肥の腐熟が進むにしたがって低下してきます。ですから、この変化を追えば、腐熟の度合はある程度判断できます。しかし、現実には、堆肥化の途中で何度も C/N 比を分析することは不可能で、出来上がった堆肥の C/N 比を測るのがせいぜいです。堆肥の C/N 比を比べてみても、最初の原料によって C/N 比が異なるのですから、それで腐熟の程度を比較するのは困難です。

　しばしば、C/N 比で腐熟度を判断するような話を聞きますが、同じ畜種、同じ副資材を用いたときのみ、腐熟度がある程度判断できるということであって、確実な指標ではありません。

一口メモ

ミミズによる堆肥の腐熟度判定

　ミミズ評価法というものがあります。水分を 60～70％に調整（強く握って水がしみ出す程度）した堆肥を入れたコップに、数匹のミミズ（シマミミズがよい）を入れ、行動を観察します。すぐ逃げ出す気配があったり、数日で死滅したりすれば「未熟」堆肥です。入れた直後に中にもぐり、数日後も元気でいれば「完熟」堆肥と判定できます。

Q65. 堆肥を外観的に評価する方法は？

堆肥を外観的にみて総合評価する方法があると聞きましたが、どんな方法ですか。

A 堆肥の共励会等で、器具等を一切使わずに、色、形、臭い等から堆肥を総合的に評価する方法が使われています。**表13**に、一般に使われている判定項目と評価点数を示しました。この項目の中には、堆肥の外観ばかりではなく、堆積中の最高温度や堆積期間等、堆肥生産者の自己申告にもとづくものがあり、堆肥そのものだけでは評価できません。

色については問題点（**Q72、135頁**）があります。また、総合点が81点以上を「完熟」としていますが、たとえば堆積中の最高温度が50℃以下だったとしても、他の判定項目が満点であれば「完熟」と判定されます。堆肥の発酵温度は「完熟」堆肥というからには、60℃以上は欲しいものです。堆積期間の判定基準についても問題なしとはしません。この総合評価方法は、堆肥の腐熟度を簡易に現場で判定できる方法として、今でも盛んに使われていますが、20年以上前に作られたものであるため、現状に合わせた改訂が必要であると思われます。

表13　堆肥の統合判定基準

色	黄～黄褐色(2)、褐色(5)、黒褐色～黒色(10)
形　　状	現物の形状をとどめる(2)、かなりくずれる(5)、ほとんど認めない(10)
臭　　気	ふん尿臭強い(2)、ふん尿臭弱い(5)、堆肥臭(10)
水　　分	強く握ると指の間からしたたる…70％以上(2)、強く握ると手のひらにかなりつく…60％前後(5)、強く握っても手のひらにあまりつかない…50％前後(10)
堆積中の最高温度	50℃以下(2)、50～60℃(10)、60～70℃(15)、70℃以上(20)
堆積期間	家畜ふんだけ……………………20日以内(2)、20日～2ヵ月(10)、2ヵ月以上(20) 作物収穫残渣との混合物…20日以内(2)、20日～3ヵ月(10)、3ヵ月以上(20) 木質物との混合物…………20日以内(2)、20日～6ヵ月(10)、6ヵ月以上(20)
切り返し回数	2回以下(2)、3～6回(5)、7回以上(10)
強制通気	なし(0)、あり(10)

注　（　）内は点数を示す。
　　これらの点数を合計し、未熟(30点以下)、中熟(31～80点)、完熟(81点以上)とする

「中畜マニュアル，前掲」

Q66.「コンポテスター」とはどういうものか。どうして堆肥の腐熟度が分かるのか？

「コンポテスター」という装置で堆肥の腐熟度が判定できると聞きましたが、その原理について教えてください。

A 堆肥の中の易分解性有機物含量を測るのが「コンポテスター」です。堆肥の腐熟は微生物による有機物の分解で進みます。積んだばかりの堆肥には微生物が利用しやすい易分解性有機物が多量にあるため、微生物は活発に活動し、有機物の分解（酸素を取り込み、二酸化炭素を出す呼吸作用）が盛んです。ところが、腐熟が進み、易分解性有機物（エサ）が次第に少なくなると微生物の活動は弱まり、酸素の取り込み（酸素消費量）も少なくなります。このように、堆肥の腐熟の程度と堆肥に含まれる易分解性有機物の含量および微生物による酸素消費量には密接な関係があり、酸素消費量が分かれば堆肥の腐熟の程度が分かることになります。「コンポテスター」は、このような原理にもとづいて、微生物による酸素消費量を測定するために製品化された堆肥の腐熟度判定器です。

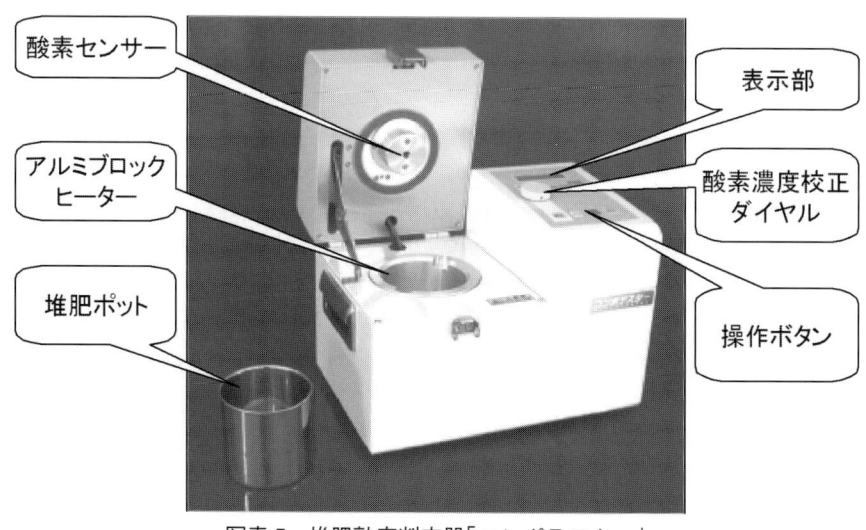

写真5 堆肥熟度判定器「コンポテスター」

■「コンポテスター」とは

　「コンポテスター」は**写真5**にあるような装置です。堆肥のサンプル50gをポットに入れて装置にセットし、上の蓋を閉めると密閉されます。容器は、35℃の一定温度に保たれるようになっています。

　容器内の酸素濃度は最初は、大気中と同じ約20.8％ですが、微生物によって酸素が消費されるため、時間とともに直線的に下がります。この酸素濃度の変化が付属の酸素センサーで自動的に計測されます。未熟堆肥では、易分解性有機物が多いため酸素消費量も多く、この直線の下がり方(こう配)は急ですが、完熟に近い堆肥では緩やかになります。

　「コンポテスター」では、このこう配が、堆肥1g、1分間当たりに消費される酸素量(μg)として表示されます。測定に要する時間は約1時間ですが、手元に恒温槽や孵卵器があって、ポットに入れた堆肥サンプルを前もって35℃で保温できれば約30分に短縮できます。

　なお、「コンポテスター」は、(財)畜産環境整備機構・畜産環境技術研究所と富士平工業(株)との共同開発で開発されたものです。

Q67.「コンポテスター」の使い方は?

「コンポテスター」の使い方と、使用上の留意点を教えてください。

A 「コンポテスター」では薬品等は一切要らず、堆肥サンプルさえあれば誰でも簡単に測定できるのですが、微生物を活性化させるために事前に水分調整が必要など、いくつかの留意事項があります。これらを守って正しく測定するようにしてください。

■堆肥サンプルの水分調整が必要

「コンポテスター」では、易分解性有機物含量を微生物が分解する際の酸素消費量で測定しているわけですから、測定条件は堆肥の発酵条件と基本的に同じで、水分が適度にあり好気的条件が必要です。堆肥の水分が50～70％であればそのまま測定できますが、水分が50％以下の場合は、水分が60％程度になるように水を加え、水分調整済みの堆肥50gを量り取って測定します。

■水分含量の簡単な目安と水分調整法

簡単に堆肥の水分含量を知るには、「手で握る」方法があります。乾いた堆肥の場合は、徐々に水を加えていき、手で強く握ったときに指の間から水が染み出す程度が適度の水分といえます。牛や豚ぷんの堆肥であればこれでよいのですが、鶏ふん堆肥の中には、水を加えると団子状になってしまい、いくら水を加えても指の間から水が染み出すことがない堆肥があります。この場合には、何らかの方法で、その鶏ふん堆肥の水分を測り、水分が60％程度になるように計算で加える水の量を出します。水分含量の簡単な測定法は**Q40(76頁)**の「一口メモ」を参考にしてください。

手で握ると、水分が指の間から滴り出るような水分の多い堆肥もまれにはあります。このような堆肥は、オガ屑などの酸素消費量がほとんどゼロの資材を添加して水分調整します。この場合、水分が多いため嫌気的になっていた恐れがあるので、好気的微生物の活動を回復させるため、水分調整後24時間以上経過してから測定してください。

乾いた堆肥は水分調整直後には測れない

　水分が20〜30％以下で、カラカラに乾いた堆肥では、水分調整しても微生物の活性はすぐに戻りません。水分調整後、ポットに50ｇ量り取り、付属の金属製の蓋、あるいは二重にしたアルミホイルを被せて、室温で24〜48時間置いてから測定してください。35℃で保存すると、測定時の保温の30分は省略できるので、測定時間は約30分に短縮できます。

　なお、水分の蒸発を防ぐためということで、ポットをラップフィルム等でしっかり密閉して保存すると、内部が嫌気的になり、異常値が生じることがあります。ラップフィルムは使用しないでください。

高温発酵中の堆肥の酸素消費量はすぐには測れない

　高温発酵している堆肥は「未熟」に決まっていますから、「コンポテスター」で腐熟度を調べるまでもないのですが、もし測定したとしても「未熟」であるにもかかわらずきわめて低い値になります。

　これは、「コンポテスター」では35℃付近で働く中温菌で酸素消費量を調べていますが、堆肥の高温発酵時にはこれらの中温菌は死滅あるいは不活性化されているからです。高温発酵中の堆肥であっても、室温で5日間以上置くと中温菌の働きが回復されるので、ほぼ正しい値が得られるようになります。

Q 68.「コンポテスター」の値がいくつになればよいのか？

「コンポテスター」の値がいくつになれば、易分解性有機物が十分少なくなったといえるのですか。

A 「コンポテスター」の値がいくつになれば、易分解性有機物含量が十分に少なくなっており、畑に施用しても有機物の急激な分解を起こす恐れがないと判断されるのか、この点がもっとも重要なところです。

■酸素消費量がいくつになればよいか

堆肥を切り返しても温度が高くならなくなれば、温度を高めるだけの易分解性有機物の量がなくなったことを意味します。このような堆肥であれば土壌に施用しても急激な有機物の分解が起きることはないと考えられています。

そこで、堆肥を切り返しても温度が高くならない時点での酸素消費量を調べた結果

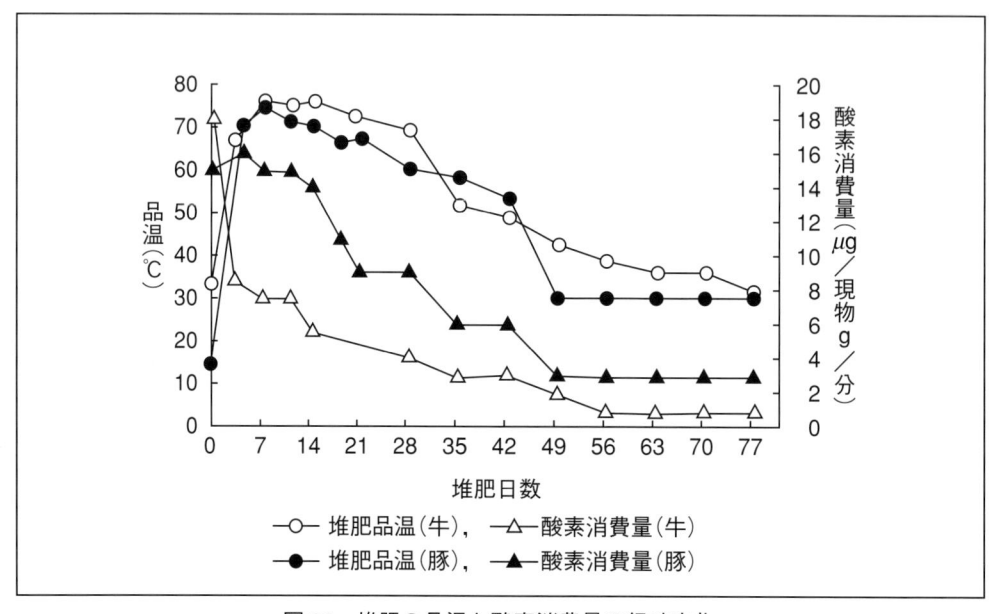

図 26 堆肥の品温と酸素消費量の経時変化

(古谷ら)

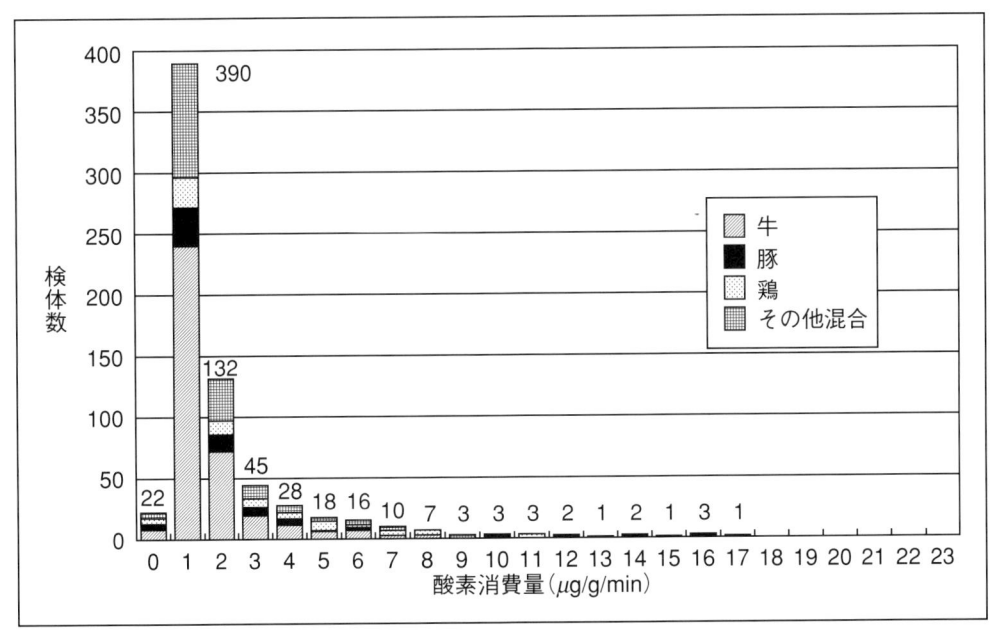

図27 堆肥の実態調査による酸素消費量の分布

「堆肥実態調査、前掲」

が図26です。乳牛ふんまたは豚ぷんを原料として堆肥化した場合の、堆肥の温度（品温）と酸素消費量の変化を示してあります。いずれの堆肥とも、堆積後3日程度で70℃近くまで高まり、しばらく高温が続きましたが、牛ふん堆肥では35日目で切り返しをしても52℃までしか上がらないようになり、また、豚ぷん堆肥では49日で30℃まで下がりました。一方、酸素消費量は、堆積直後は15～20の高い値を示しましたが、切り返しても温度があまり上がらなくなった時点では、乳牛ふんおよび豚ぷん堆肥で、それぞれ2および3でした。

このことから、酸素消費量が3以下になればよいということになります。

鶏ふんや豚ぷん堆肥に酸素消費量が高いものがある

図27は、堆肥689検体について酸素消費量を調べたものです。大部分は3以下でしたが、10以上のものもみられました。酸素消費量が10を超える堆肥は、水を加えると再び熱を持つような有機物の分解が不十分な「未熟」堆肥です。水分含量を50～60％程度に調整した上で、さらに堆積発酵を続ければ、易分解性有機物が分解され、酸素消費量が3以下の安心して土壌に還元できる堆肥になります。

牛ふん堆肥では酸素消費量が10を超える堆肥はみられませんでしたが、鶏ふんや豚ぷん堆肥には高値を示す堆肥がありました。これらは、堆肥の発酵が十分に進む前に乾燥して途中で止まったものが多いと考えられます。

Q69.「コンポテスター」だけで腐熟度が判定できるか？

> 「コンポテスター」だけで堆肥の腐熟度が判定できるのですか。

A 堆肥を腐熟させる目的の1つは、易分解性有機物を少なくすることです。堆肥の中にどの程度、易分解性有機物が含まれるかは、「コンポテスター」で分かります。しかし、腐熟の目的には作物に対する生育阻害物質をなくすことも含まれます。これは別に発芽試験なり幼植物試験（**Q73、136頁**）でその存在の有無を確かめる必要があります。ただ、これらの判定法は時間と労力が掛かるため、現場ではほとんど実施されておらず、堆肥の高温発酵の時期が順調に過ぎればこれらの生育阻害物質も少なくなっているはずだとしているのが現状です。

安心のため、一度発芽試験なり幼植物試験なりを依頼し、生育阻害物質の有無を調べておくとよいでしょう。同じ堆肥化材料で同様の条件で堆肥化するなら、堆肥化のつど生育阻害物質の有無を調べる必要はありません。

Q70. BODと「コンポテスター」による酸素消費量との関係は？

易分解性有機物の量は従来から生物化学的酸素要求量(BOD)によって測定されていますが、このBODと「コンポテスター」による酸素消費量にはどんな関係がありますか。

A BODは、18世紀には英国で河川の汚染の程度を示す指標として用いられていました。汚水の中に含まれる易分解性有機物が分解されるときには酸素を消費するので、一定条件の下でどれだけの酸素が消費されたのかを測れば、その汚水がどれだけ汚染されているかが分かります。20℃・5日間で測定するのが一般的です。

この方法はふん尿やその処理物あるいは堆肥にも応用されて、易分解性有機物含量を知るための重要な測定項目になっています。堆肥の場合は固形ですから、水溶液にしてから測定します。

BODと「コンポテスター」による酸素消費量との関係

試料の形態が液状か固体のままかの違いはありますが、BODと「コンポテスター」による酸素消費量のいずれも、微生物による酸素消費量から易分解性有機物含量を推定するという原理は同じことですから、本質的には同じものと考えていただいて結構です。

図28は、いくつかの堆肥を用いてBODと「コンポテスター」による酸素消費量を測定した結果ですが、当然のことながら高い相関がみられます。

「コンポテスター」による測定は、堆肥をそのまま固体で用いられること、測定時間が短いことから、堆肥の易分解性有機物含量の推定では、BODに比較してすぐれた方法といえます。

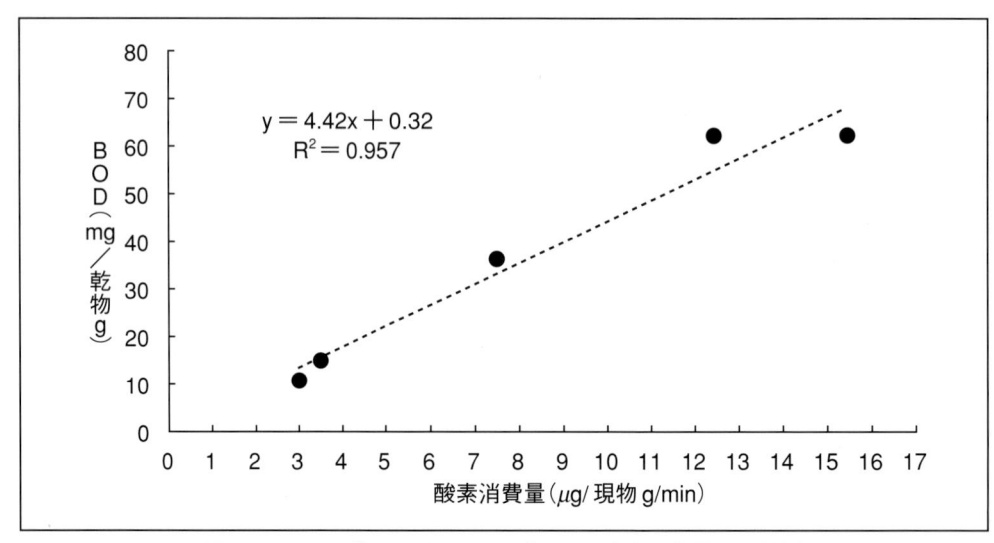

図 28　BOD と「コンポテスター」による酸素消費量との関係

（小山ら）

Q71.「戻し堆肥」使用の堆肥は塩類が高いと敬遠されるが？

> 堆肥、とくに「戻し堆肥」を副資材として使用した堆肥は塩類濃度やECが高く、塩類障害を起こすという理由で耕種農家から敬遠されます。どうしたらよいでしょうか。

A 塩類を塩（しお）と勘違いしている耕種農家もいますが、塩類とは硝酸塩、硫酸塩等の無機塩類を意味し、堆肥に含まれる無機塩類のほとんどが窒素、リン酸、カリ、石灰、苦土等の肥料成分なのです。

「戻し堆肥」を水分、比重調整資材として使用した堆肥は畜ふん以外のものが何も含まれない堆肥ですから、オガ屑やモミ殻で薄められた堆肥より塩類（肥料成分）濃度が高くなっていることは事実です。しかし、塩類濃度やECが高いことは必ずしも悪いことではなく、化学肥料はすべて塩類で有機物を含まないことをみても明らかです。要は作物の必要とする量に対してどうかということで、肥料成分が多い堆肥は、もし過剰になるならそれだけ減らして施用すれば問題はないのです。

従来、堆肥の施用は土壌改良のための有機物供給が目的であり、肥料成分があるとかえって邪魔とする傾向にありました。今後は、堆肥の成分分析をきちんと行い、それに応じて施肥設計が行われるようになり、単に塩類濃度が高いという理由で嫌われることはなくなるでしょう。

そうはいっても、現時点では、耕種農家から敬遠されるわけですから、対策が必要です。「戻し堆肥」の替わりに木質系の副資材を使うのも一策ですが、むしろECが高くても大丈夫とされる作物や栽培体系もありますから、そちらを狙った方が早道です。

なお、従来の基準では、良質堆肥のECは5 mS/cm以下とされていました（**Q61、114頁**）。しかし、最近の調査によると、そういう堆肥はむしろ少なく、牛で平均が5.8、豚や鶏では7～8が普通ですから、そのことを耕種農家にもよく説明してください（**Q59、109頁・表11**を参照）。

一口メモ

ECとは？

　電気伝導度（電気のとおりやすさ）のことで、土壌や堆肥中に含まれる水溶性塩類の総量の目安として利用されています。

　堆肥の品質を評価する上での1つの測定項目で、単位は、普通mS/cm（ミリジーメンス）で表示します。硝酸態窒素との間に正の相関関係があるので、硝酸態窒素含量の推定にも使えます。ECが高過ぎると濃度障害で、作物の生育阻害が起きるとされています。

Q72. 黒色の堆肥がよい堆肥なのか？

> 堆肥の共励会に出品しました。品質には自信があったのですが、色が褐色であったため低い得点になってしまいました。なぜ黒色の堆肥はよい堆肥で、褐色の堆肥は劣る堆肥なのですか。
> どうしたら黒色の堆肥を作ることができますか。

A 一般に知られている堆肥の採点基準(**Q65、123頁**)では、褐色(5点)は黒色(10点)の半分の点数になっています。しかしながら、最近では、堆肥化原料の畜種や副資材が多様になったため、堆肥の品質を色で判断することはかなり難しくなっています。

堆肥が酸素のない嫌気状態におかれると、硫化水素が発生し、堆肥中の鉄分と反応して黒色の硫化鉄になり堆肥が黒くなります。尿溜や排水溝に溜まった汚泥が黒く硫化水素の臭いがしたり、卵をゆで過ぎると黄味のまわりが黒くなるのも同じ現象です。堆肥の色が黒いからといって、よい堆肥とは一概には言えません。活発な好気性発酵で、褐色あるいは黒褐色の堆肥になることも多いのです。

堆肥共励会等では、一般に採点基準による総合評価で審査されていますが、堆肥の色を含め、各項目の評価基準について現状に合わせて見直す必要があると考えられます。

堆肥の色はあまり気にせず、発熱をともなう好気的発酵により易分解性有機物を十分に分解させ、病原菌や雑草種子、生育阻害物質の心配のない、安心して使える堆肥の生産を心掛けてください。土壌や作物にとって、堆肥の色は関係ないのです。

Q 73. オガ屑混合堆肥には作物の生育阻害物質が含まれているのか？

オガ屑を副資材として使用する堆肥生産を行っていますが、オガ屑混合堆肥にはフェノール類等の作物の生育阻害物質が含まれているから使わないという耕種農家がいます。本当にオガ屑混合堆肥が作物の生育を阻害することがあるのでしょうか。

A 耕種農家の中には生育阻害物質が含まれているとの理由から、木質系副資材を使った堆肥を使いたがらない人もいます。しかし、好気的分解が十分に進

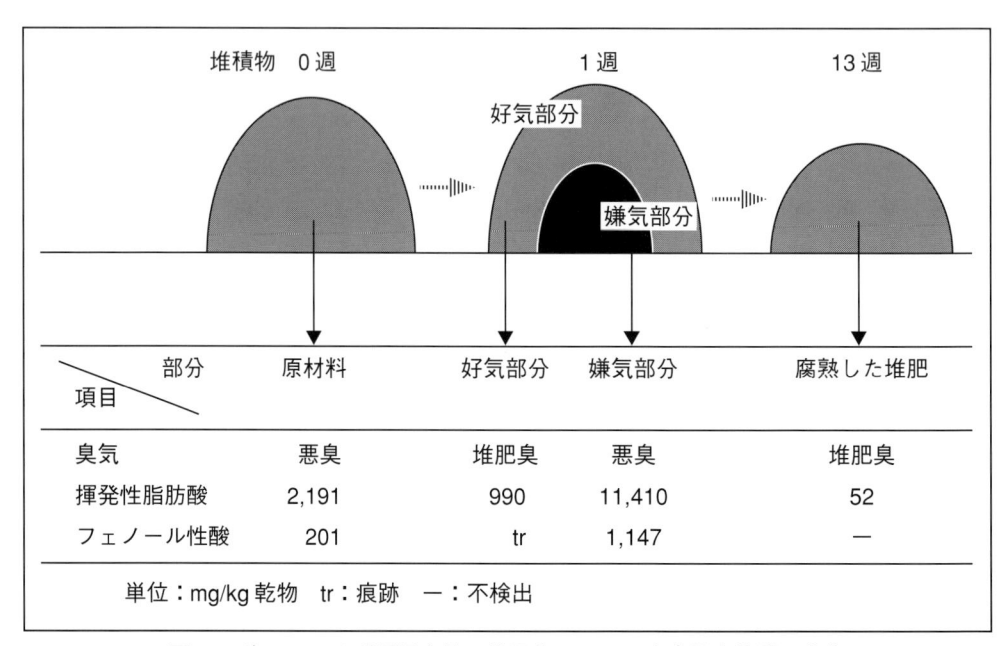

部分 項目	原材料	好気部分	嫌気部分	腐熟した堆肥
臭気	悪臭	堆肥臭	悪臭	堆肥臭
揮発性脂肪酸	2,191	990	11,410	52
フェノール性酸	201	tr	1,147	—

単位：mg/kg 乾物　tr：痕跡　—：不検出

図29　牛ふん・オガ屑混合物の堆肥化における生育阻害物質の変化

(羽賀ら)

めば、オガ屑やバークなどを副資材とした堆肥であっても生育阻害物質はほとんどなくなります。

　図29は、オガ屑を混合した牛ふんの堆肥化における有害物質の変化を示しています。作物の生育阻害物質であるフェノール性酸の濃度は、堆積直後は201 mg/kgでしたが、堆積1週間後の好気部分では痕跡程度しか認められませんでした。これに対し、嫌気部分では1147 mg/kgと堆積直後の濃度の6倍にも増えましたが、堆肥化終了時にはフェノール性酸は不検出になっています。

　したがって、フェノール性酸を含む未熟堆肥を施用した場合には作物の生育阻害が考えられますが、フェノール性酸は好気的条件では容易に分解されて無害になります。好気的な発酵を十分に行えば、安心して使ってもらえる堆肥が生産できます。土壌改良効果が高いということで、オガ屑やバークを副資材とした堆肥を好んで使っている耕種農家も多いのです。

　もし、どうしても心配ならば、発芽試験で生育阻害物質の有無が比較的簡単に分かるので、一度試してみてください。

一口メモ

発芽試験と幼植物試験

　発芽試験は堆肥中の生育阻害物質の有無を知る方法の1つで、堆肥を蒸留水で抽出した液を濾紙を敷いたガラスシャーレに加え、コマツナ種子50粒を撒いて発芽率を調べます。均等に播種するのはかなり手間がかかるので、接着剤付き濾紙（「たねぴたシート」）が発売されました。

　幼植物試験は小さなポットにコマツナの種子を撒いて、発芽性とともにその後の生育をみるもので、3週間程度栽培します。新鮮重、葉色、発育の異常の有無など、堆肥の品質を総合的に判断します。

Q74. 病原性微生物や抗生物質の堆肥への残留は？

家畜ふんに含まれる病原性微生物や抗生物質が残留する恐れはありませんか。

A 病原菌等の死滅温度および時間は表14のようになっており、堆肥化過程の発酵熱が十分であれば心配ないとされています。

表15は、堆肥の実態調査で、病原性微生物として大腸菌O-157、サルモネラおよびクリプトスポリジウムの残存、および各種抗生物質の残留について調べたものです。

表14 病原菌等の死滅温度と時間

大腸菌	60℃で20分
サルモネラ菌	56℃で60分
ブドウ球菌	50℃で10分
クリプトスポリジウム	55℃で5分
雑草の種子	60℃、2日間でほぼ発芽率ゼロ

「堆肥実態調査, 前掲」

表15 腸内出血性大腸菌O-157、サルモネラ、クリプトスポリジウムおよび抗生物質の検査結果

	O-157	サルモネラ	クリプトスポリジウム	抗生物質
12年度	0(70)	0(70)	0(60)	0(40)
13年度	0(136)	4(136)	0(60)	0(40)
14年度	0(188)	2(188)	0(60)	0(40)
15年度	0(193)	2(193)	0(60)	0(40)
16年度	0(128)	0(128)	0(60)	0(60)

注1：堆肥水分40％以上の検体について検査、検出数(検体数)
注2：12年度から15年度の抗生物質は、スルファジメトキシン、ベンジルペニシリン、カナマイシン、ストレプトマイシンおよびオキシテトラサイクリンを測定した。
　　　16年度は、豚(30)および鶏(30)堆肥について硫酸コリスチン、アビラマイシン、ノシペプタイド、亜鉛バシトラシンを測定

「堆肥実態調査, 前掲」

その結果、O-157およびクリプトスポリジウムはまったく検出されませんでした。サルモネラは8検体(約1％)で検出されましたが、このうち4件は食中毒の危険性の低いもの、3件はヒトの食中毒事例の多い型で、公衆衛生上注意を要するものでした(残りの1件は特性不明)。

サルモネラ菌は56℃、60分で死滅するとされていますので、それ以上の発酵熱をともなう十分な温度管理を心掛けてください。

抗生物質は、表15の脚注に示したようなもので、乳牛ふん堆肥では乳房炎の治療薬として比較的多く使用されている抗生物質、また、豚ぷんおよび鶏ふんの堆肥では栄養成分の有効利用を目的として用いられている抗生物質を選んで、その残留を調べましたが、いずれも検出されませんでした。

第 9 章

施用

Q75. 堆肥でないと得られない効果は？

耕種農家になんとかして堆肥を使ってもらいたいのですが、化学肥料の方が安価で、使いやすく、肥効もよいとのことで使ってくれません。化学肥料にはない堆肥の価値をPRしたいのですが、化学肥料にはなく、堆肥にしかない効果にはなにがありますか。

A 堆肥などの有機物は、肥料成分では化学肥料より劣りますが、化学肥料には真似ができない優れた能力を持っています。

■土壌微生物のエサを提供する

堆肥には、微生物によってゆっくり分解される有機物がまだ十分に残っています。これらの有機物が土の中に入ると、土壌中の微生物がこれを養分として増殖します。土壌微生物には、堆肥に残っている難分解性有機物にくっつき、それを分解する微生物と、その微生物や排出物を食べて暮らす微生物がいます。彼らは離れていると上手く増殖できないため、ネバネバした物質を出し、くっつき合って集団を作ります。このことによって、土壌の団粒構造が作られます。

■微生物が土の団粒構造を作る

土壌微生物は水びたしの土や、乾いて硬くなった土では生活できないため、自分達の生活しやすい環境を土の中に一所懸命作ります。雨の少ないときには水分を保ち、多いときには余分な水を排水して呼吸ができるような土壌にしようとします。養分を逃がさず貯蔵できる土壌も必要です。微生物は有機物がある限りこのような土壌を作り続け、水と空気に富んだ微生物にとって理想的な土壌を作り上げます。これが団粒構造をもつ土壌です。

団粒構造をもつ土壌は、保水性と排水性に優れ、保肥力があって通気性に富んでいます。その仕組みを図29に模式で示しました。小さな1次粒子が集まって2次粒子

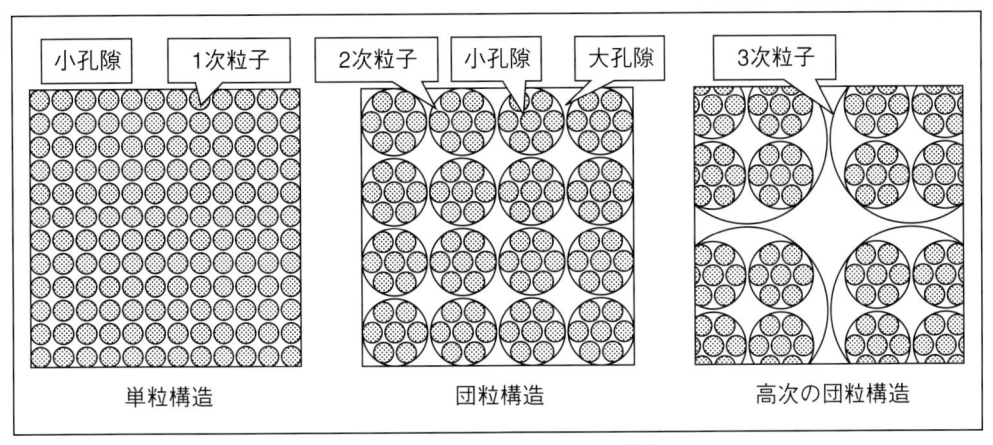

[図: 土壌の構造と孔隙量の模式図 — 単粒構造（小孔隙、1次粒子）、団粒構造（2次粒子、小孔隙、大孔隙）、高次の団粒構造（3次粒子）]

図29 土壌の構造と孔隙量の模式図

(木村)

が作られ、単粒構造にはない小孔隙と大孔隙ができます。さらに2次粒子が集まって3次粒子をつくり、高次の団粒構造を形成します。この隙間の大小が、「水保ち」と「水はけ」という相反する機能を両立させているわけです。

孔隙が多いほど土壌は軟らかく、耕耘しやすく、また、植物にとっても理想的です。植物の根は生き生きと、たくましく十分に広がっていきます。これが堆肥を使った土作りの本当の姿であり、自然界における土壌微生物の役割なのです。

■化学肥料だけだとどうなるか

戦後、化学肥料が出回ると、肥料として堆肥を作っていた農家がいっせいに化学肥料を使うようになりました。そのことで、確かに食料の増産が可能になりました。しかし、植物は化学肥料だけで生長できますが、微生物は有機物（養分）が供給されないため徐々に死滅しました。有機物が長期間供給されなかった畑では微生物が生存しない「死の土」となり、各地で問題になるようになりました。

微生物が死滅した土壌では団粒構造の土作りが行われないため、大雨が降ると水びたしの土になり、雨が少ないと乾いて硬い土になります。酸素も入りにくく、肥料分もすぐに流出してしまうような土になってしまいます。当然、作物の育ちも悪くなりますが、いかに植物の生育に有効な肥料を施用しても、それを吸収する根が貧弱では良好な発育は望めません。生育不良で元気のない植物は病気や害虫にも弱く、殺菌剤や殺虫剤に頼りきった農業になってしまうのです。

畜産は環境汚染の元凶として目の敵にされがちですが、家畜ふん堆肥を正しく使えば、自然界の根本である土壌微生物の働きを通じて、わが国の農業環境の保全に大きな貢献ができます。もちろんこのためには、取り扱い性がよく、安全で、安心して使え、しかも低コストの堆肥生産が何よりも重要です。

Q76. どんな作物にどんな堆肥が向いているか？

作物別に適している堆肥の品質について教えてください。

A これまでの堆肥生産では、作られた堆肥がどんな作物に使われるのかはあまり考えられませんでした。しかし、作物によって向いている堆肥の特徴はかなり異なります。そのことを知るのと知らないのとでは、堆肥生産において大きな違いがあります。最近刊行された「作物生産農家のニーズを活かしたい肥づくりの手引き（畜産環境整備機構、2005）」では、作物ごとにどんな堆肥が向いているかを解説しています。主な作物について紹介しますので、堆肥作りの参考にしてください。

表16 は、主な作物に要求される堆肥の特徴をまとめたものです。堆肥のもっている各特徴について、重要度を作物ごとにランク付けしてあります。しかし、これは、

表16　主な作物に要求される堆肥の特徴

作物の種類	土壌改良効果が大きい	腐熟度が高い	安価である	肥料効果が大きい	取り扱いやすい
水稲(中間地帯)	★	★★	★★★	★	★★
水稲(寒冷地)	★★	★	★★★	★	★★★
水稲(暖地)	★★	★★	★★★	★	★★★
ダイコン	★★	★★★	★★	★	★★★
てんさい	★★★	★★	★★★	★	★★
トマト	★★★	★★★	★	★	★★
メロン	★★★	★★★	★	★★	★★
ピーマン	★★	★★★	★	★★★	★★
ホウレンソウ	★★★	★★★	★	★	★★
キャベツ(寒冷地)	★★	★★	★★	★★	★★
キャベツ(暖地)	★★★	★	★★★	★	★★
りんご	★★★	★★★	★★	★	★★
ミカン	★★★	★★	★★	★	★★★
ナシ	★★★	★★★	★★★	★	★★★
もも	★★★	★★	★★	★	★★
キク	★	★★★	★★★	★★★	★★★

★★★とくに重要度が高い　★★重要である　★重要性は比較的低い

「手引き，前掲」

あくまでも一般的な評価であり、現実にはこのとおり当てはまらないことがあります。

▎キャベツや白菜などの露地野菜に適した堆肥

　キャベツや白菜などの露地野菜は、地上部を収穫する作物であるため、堆肥の熟度に対しての要求はダイコンほどには高くありません。畜種による特段のこだわりもありません。ですから、豚ぷんや鶏ふん堆肥も十分使えます。キャベツへの施肥量は2〜5t/10a程度ですが、キャベツの面積当たりの収益性はそれほど高くないので、堆肥の価格は1万円/10a以下と安価であることが重要になります。キャベツは生食することも多いので、消費者からは減化学肥料栽培への要望が強くあります。化学肥料を減らしても収量確保できるような窒素の肥効の高い堆肥生産も1つの考え方です。なお、キャベツ栽培の多くは露地栽培（無マルチ）で行われるため、堆肥中の雑草種子の死滅には十分留意してください。Q74（138頁）にあるように、堆肥の発酵温度が60℃以上であれば大丈夫です。

▎水稲

　水稲では安価で取り扱いやすいということがもっとも重要です。土壌改良効果や腐熟度はその次の条件になります。肥料効果は期待されていませんが、堆肥を施用する場合には化学肥料の施用量を減らす必要があるため、窒素成分量の把握は不可欠です。

▎ダイコンなどの根菜類

　ダイコンは地下部を収穫部位とするため、堆肥の品質はきわめて重要で、粗大な原料の混入がなく十分に腐熟したもの、また、ペレット化などの施用労力の軽減も求められます。同じ根菜類でもてんさい（ビート）は腐熟度よりも土壌改良効果や安価であることが求められます。肥料効果は求められません。

▎トマトやメロンなどの果菜類

　トマト、メロンなどの果菜類は、土壌改良効果が大きく、十分腐熟していることが必要で、安価であることには重きが置かれていません。メロンの場合には、その生育特性や養分吸収特性が化学肥料のように速効的に肥効が現れることに不適であるところから、堆肥の緩慢な肥料効果が求められています。果菜類の中では、ピーマンは多肥型であり、腐熟度のほかに肥料効果も求められます。牛ふん堆肥の利用が多いのですが、鶏ふんや豚ぷんの堆肥を好んで利用する農家も珍しくありません。

■果樹類

　果樹類でも果菜類と同様に土壌改良効果が大きく、腐熟が進んだ堆肥が求められます。肥料効果についての要求は小さく、むしろ窒素等の成分は少ない方が好ましいとされています。とくにミカンは果樹の中では堆肥の施用量が多いため、環境負荷への配慮から肥料成分が低い方が望ましいです。この点では牛ふん堆肥が適しています。また、ミカン園は傾斜地が多いので、ハンドリングがよいことも重要です。

　未分解の木質があると紋羽病の原因になったり、コガネムシが発生することがあるため、木質を多く含む堆肥は十分に腐熟させることが大切です。

■花き類

　表16では、花きとしてキクが取り上げられていますが、花きは種類が多くて一概にはいえません。花き生産者の置かれた状況や要望を把握することが先決になります。

　一般的には露地花きは露地野菜に、施設花きは施設野菜にそれぞれ準じると考えればよいようです。

■牧草やトウモロコシなどの飼料作物

　これらの作物への堆肥の利用は自家消費が中心で、生産された堆肥の特徴はあまり問題にしないため、表16には掲載されていません。腐熟はほとんど問題にならず、病原菌や雑草種子等の不活化の前提が満たされていれば、「未熟」堆肥でよいのですが、肥料効果を要求します。よってアンモニアなど肥料成分の損失を防ぐため、堆積期間は比較的短くしています。

　作物によって施用量が異なり、イタリアンライグラスや飼料用ムギは少なめに、青刈りトウモロコシやソルガムは多く施用します。

　従来、飼料作畑には多量のふん尿が施用されている傾向がみられます。窒素の過剰蓄積や養分のアンバランスにより土壌環境が悪化するばかりでなく、生産された飼料を摂取した家畜にも障害を及ぼすことがあるので、施用量には十分注意が必要です。

Q77. 堆肥はどれだけ施用しても よいのか？

堆肥のような有機物を畑に施用する場合に、その量には制限がありますか。

A 堆肥の施用量は、いくら多くてもよいというわけではありません。施用する堆肥成分によって変わりますし、土壌の質や作物によっても変わります。過剰に施した場合には、作物の発育や品質にも悪影響を与えますし、環境汚染につながることにもなります。

成分分析と土壌診断にもとづく堆肥の施用

施肥量が多くなれば単純に作物の収量が多くなるというものではなく、適正施肥量を超えると逆に減収することになります。最高収量に達して、それ以上施用しても収量に変化がない領域を最大収量域といいますが、窒素の場合はこの最大収量域の幅が狭く、過剰になるとすぐ根に障害を起こし、収量は減少します。カリやリン酸の最大収量域は、窒素に比べて広くなっています。とくにリン酸の場合は黒ぼく土を中心に不足土壌が多かったため、リン酸は「いくらやっても大丈夫」というような通説もあります。過剰が即、障害に結びつくわけではありませんが、望ましいことではありません。

高収量・高品質の作物生産をあげつつ環境保全を考慮するには、作物の吸収特性に合わせた的確な施肥が必要になります。それにはどうしても、堆肥成分分析と土壌診断が必要です。

堆肥施用基準の北海道の先進例

北海道では、「北のクリーン農産物表示要領」を制定し、独自に化学肥料と堆肥等有機物の施用量の基準を設けています。土壌の健全性を確保するために、堆肥などの有機物を施用することを義務化し、有機物の施用量の下限値を設定する一方、1～3年ごとに土壌分析を行って土壌の窒素肥沃度水準を求めることを義務づけています。その結果によって、作物ごとに堆肥施用量の上限値を設定しています。このような堆肥の過剰施用にも配慮した施用基準は他県に一歩先んじています。

非黒ぼく土壌であれば堆肥の連用で腐植を増やす

　堆肥の施用効果として、腐植質の供給が重要であることをQ7(12頁)で述べました。腐植が多い土壌は一般に作物の生産性が高いとされていますが、腐植の含量は土壌の種類によって異なります。黒ぼく土では、腐植を6～11％含みますが、非黒ぼく土ではこれよりも少ないのです。

　腐植の含量が、黒ぼく土で4％以下、非黒ぼく土で2％以下の場合には、堆肥を連用して腐植の多い土作りを進めるべきです。この土作りには、できるだけ肥料成分が少ない堆肥が望ましいのですが、肥効成分を抑えた堆肥作りについては**Q79(151頁)**を参照してください。

一口メモ

黒ぼく土とは？

　火山灰が土壌化したもので、有機物(腐植)に富むため物理性が良好です。わが国の畑土壌の約半分がこの黒ぼく土です。リン酸吸収係数(リン酸を吸収固定する能力)が大きく、養分の吸収能力が低いため、リン酸、窒素、塩基類(石灰、苦土、カリ等)が不足しやすいです。

Q78. 堆肥を利用している耕種農家が困っていることは？

堆肥を利用している耕種農家が困っていることにはどんなことがありますか。

A　すでに堆肥を利用している耕種農家が、どんなことで困っているかを知ることは、使ってもらえる堆肥を作る上で重要なことです。

図31は、利用上の問題点を調べたものですが、「雑草種子の混入」がもっとも多くなっています。雑草種子は、堆肥の発酵温度が60℃以上、2日間持続すればほとんど不活性化するとされていますから、発酵温度の上昇が不十分な堆肥がかなりあることを示しています。次いで「生育障害」があげられていますが、堆肥を施用して生育障害が出たのでは困ります。

ただ、生育障害と一口にいっても、その実態は単純ではありません。堆肥の品質と

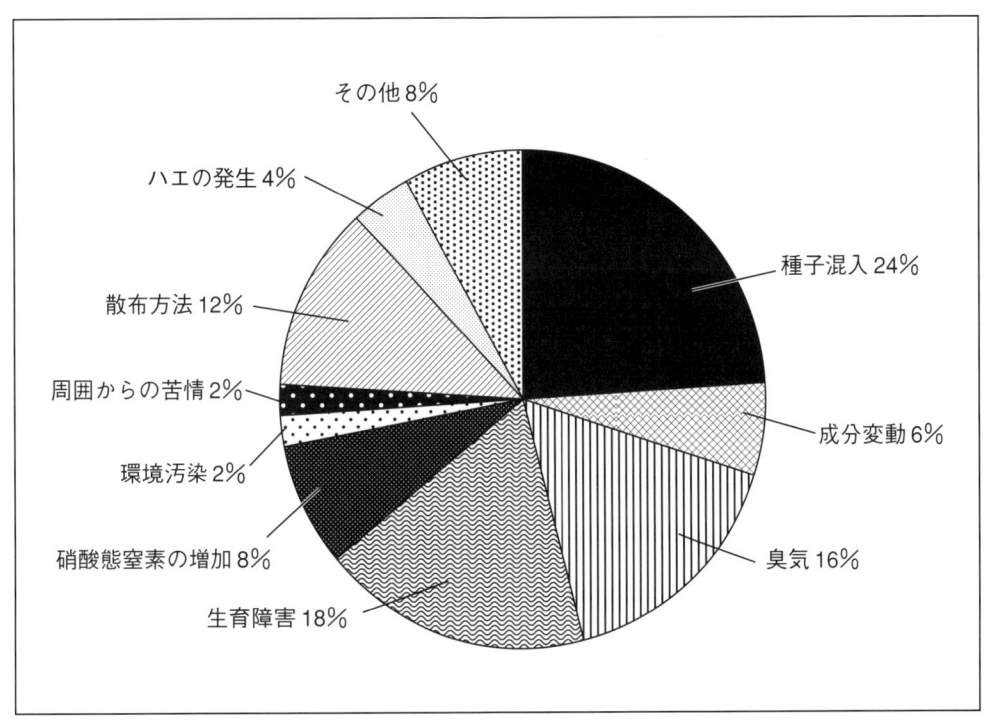

図31　堆肥を利用している耕種農家の利用上の問題点

(志賀ら)

ともに施用量が関係しますし、単にある養分が欠乏していただけという施肥設計のミスもあり得るわけです。使った堆肥の肥効率を過大評価すると初期生育が鈍くなることは、よく経験するところです。

　生育障害の理由を明らかにしないと堆肥が悪者にされ、2度と使ってもらえなくなりますから、たまには肥料成分、発芽率や酸素消費量（易分解性有機物含量）などを測定し、使った堆肥そのものが原因でないという情報を提供しておきたいものです。

　「堆肥の臭気」も施用する側では気になるところです。臭気は簡単に測れるようになっていますから、1度、堆肥の成分や腐熟度と一緒に測っておくと安心です。この調査では、散布方法が比較的少ない割合になっていますが、**Q91**（174頁）と違って、すでに堆肥を使っている農家を対象にしているため、散布は問題にならないということでしょう。

　堆肥を連年施用すると、土壌に次第に窒素が累積されて、硝酸性窒素の増加が懸念されます。これからは、堆肥の分析とともに土壌分析も重要になると思われます。また、堆肥成分がそのつど変動するようでは使う側が困るので、できるだけ均一な質の堆肥生産を心掛けたいものです。

Q79.肥料効果の大きい、あるいは肥料成分を抑えた堆肥作りのポイントは？

> 耕種農家から「化学肥料の代わりに使うので、できるだけ肥料効果の大きい堆肥が欲しい」、またその逆に「肥料成分は邪魔なので抑えて欲しい」などといわれます。
> どう対応すればよいのでしょうか。

A 耕種農家の堆肥に対するニーズは様々ですが、できるだけそれに応えることが需要拡大につながります。

しかし、畜産経営によって条件が異なり、すべての要望に応えるわけにはいきませんから、どちらの方が向いているかよく見定めて、自分の経営に合った堆肥を重点に生産するのがよいでしょう。

■肥料効果の大きい堆肥を作るには？

肥料成分にもいろいろあり、特別の成分を高めたいというのであればその成分を多量に含む原料を用いることになります。肥料成分のうち窒素以外は堆肥化中に飛ぶことはありません。全体的な肥料成分を高めるには、鶏や豚の方が、牛や馬に比較して有利です。とくに、鶏の場合は窒素が尿酸の形で含まれており、堆肥化を上手く進められればそのまま残り、ほとんど化学肥料と同じように使えます。

堆肥発酵の途中で乾いてしまい、水分補給が必要になったら水の代わりに尿を散布すれば、窒素やカリ含量が高まります。

副資材として「戻し堆肥」を使うのが有効です。ただし、「戻し堆肥」を繰り返して使うと、豚では銅と亜鉛、鶏では亜鉛の含量が基準値 Q61（114頁）を超えてしまう恐れがありますから気をつけてください。

いずれにしても、肥料成分の高い堆肥では施肥設計で肥料成分を考慮することが必須ですから、定期的な成分分析は欠かせません。

▎肥料成分を抑えた堆肥作りのポイント

　これは土壌改良効果をねらった堆肥と通じるところがあり、肥料効果の高い堆肥とは逆になります。牛や馬の方が原料ふん中の肥料成分が少ないため向いています。できるだけふんと尿を分離させ、固分(ふん)だけで堆肥化します。
　副資材(「戻し堆肥」は除く)を多くすればそれだけ希釈されますので、肥料成分は少なくなります。
　なお、堆肥を雨ざらしにすれば肥料成分は抜けますが、これは許されません。

Q 80. 「完熟」堆肥でなくてもよい作物はあるか？

堆肥を「完熟」にするには時間が掛かるため、時間をかけて「完熟」にしなくても施用できる作物はありませんか。

A 「完熟」の意味するところによりますが、時間を長く掛けて堆積した堆肥を「完熟」とすると、多くの作物でその必要はありません。堆肥が高温発酵期を経過すれば（切り返しても温度があまり上がらなくなる）、生ふんとしての汚物感もなく、病原菌や雑草種子も死滅し、易分解性有機物や生育阻害物質も十分少なくなっているはずです。すでに立派な堆肥になっており、たいていの作物に使えます。

ダイコンなど根菜を栽培する農家は、未熟堆肥であることを嫌います。堆肥原料の大きな塊などがあると、岐根の原因になるというのが主な理由です。しかし、この場合でも製品堆肥の篩い分けでかなり解決できます。

「完熟」堆肥について「水分が少なくさらさらしている堆肥」とか「肥料分が少ない堆肥」などを意味することがありますが、これは堆肥の熟成期間の長さとはあまり関係なく、耕種農家がそのような「完熟」堆肥を望むのであれば、時間を掛けなくてもそのような堆肥を作ることはできます。

逆に、「完熟でない方がよい」という耕種農家もいます。例えば、山形県高畠町で稲作をしているWさんは、自分で飼っている肉牛舎から出るわらを踏ませた堆肥を、7割程度（この表現は微妙で、どのように判断するか分かりませんが）腐熟させて田圃に入れています。あまり熟成させすぎると、初期に肥料効果が偏ってしまうし、有機物が田圃で分解される過程で生物の多様性が高まることを期待していると説明してくれました。しかし、平成5年の大冷害の年には、地温の上昇が鈍くて有機物の分解が進まず、結果的に有機物の供給が裏目に出たとのことでした（**Q86**、**128頁**）。

高温発酵期を経過させて初めて「堆肥」

「完熟」堆肥でなくてもよい、あるいはWさんのようにその方が望ましいからといって、いい加減な作り方でよいということでは決してありません。家畜ふんを畜舎から堆肥舎に移したところで、もう「堆肥」と呼んでしまう畜産農家がいますが、高温発酵期を経過して初めて「堆肥」と呼ぶようにしないと、耕種農家とのすれ違いはいつまでたっても正せません。

81. 堆肥の窒素は作物にどのように利用されるか？

堆肥として施用した窒素は、どのようにして作物に使われるのですか。また、作物に利用されなかった窒素はどうなるのですか。

A 堆肥に含まれる窒素は、アンモニア態や硝酸態窒素のようにすぐに作物が利用できるものもありますが、大部分は微生物体に取り込まれた有機態窒素です。これはすぐには利用できず、土壌微生物によってアンモニア態窒素や、さらには硝酸態窒素にまで分解（無機化）されて作物に吸収されます。無機化された窒素の一部は、再び微生物体に取り込まれ（有機化）、無機化と有機化は、土壌中では常に同時進行しています。

作物に利用されずに過剰となった窒素は、一部は脱窒されて大気中に放散され、畑

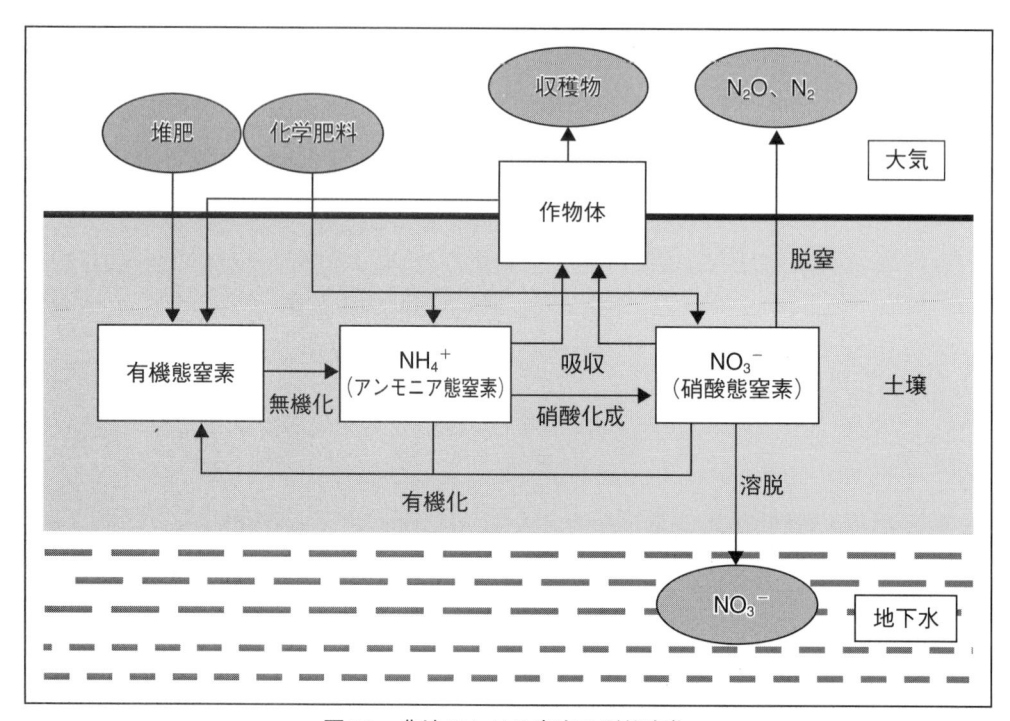

図32　農地における窒素の形態変化

(木村)

154

条件で残存した硝酸態窒素は農地系外に排出されて、河川や湖沼の富栄養化や飲料水の劣化につながります。

図32に、農地における窒素の形態変化を示しました。窒素の施用に当たっては、できるだけ系外への排出を少なくする配慮が必要です。

> **一口メモ**
>
> **脱窒**
> 　土壌中の硝酸態窒素が、脱窒菌の作用により嫌気的条件下で亜酸化窒素（N_2O）を経て、窒素ガス（N_2）に変化する反応をいいます。
> 　脱窒菌の最適pHは7〜8で、酸性条件では比較的弱く、亜酸化窒素の発生割合が高まります。高濃度窒素の汚水処理では、この脱窒反応を利用した窒素除去が行われています。
>
> **地下水・公共用水における硝酸性窒素の環境基準**
> 　地下水や公共用水系における硝酸性窒素濃度（環境基準等の法規では「硝酸態窒素」といわず「硝酸性窒素」と記述される）として、平成11年に飲料水と同じく10 mg/Lの環境基準が適用されるようになっています。農地への施肥が硝酸性窒素の汚染源の1つとして位置づけられ、施肥基準を遵守する必要性が指摘されています。

Q 82.堆肥を施用し、化学肥料の使用量を減らすための基本となる考え方は？

堆肥を使ってくれている耕種農家から、「堆肥には肥料成分が含まれるので、作物の施肥設計がしづらい」といわれました。堆肥を施用して、その分だけ化学肥料を減らすための基本となる考え方を教えてください。

A　従来、堆肥の施用量は、農地10aあるいは1ha当たりに施用される現物重量で、1～2t/10aのように示され、施用基準と呼ばれています。昔からの堆肥のように肥料成分が少なく、土壌改良の目的で用いられているのであればそれでよいのですが、最近のように堆肥によって水分含量や肥料成分含量が大きくばらつくようになると、現物重量で表示するだけでは適正に施用量を示したことになりません。そこで、現在では、堆肥中の窒素、リン酸、カリの3要素の成分含量にもとづいて、堆肥の施用量を決めています。肥料取締法の改正で肥料成分の表示が義務づけられたため、堆肥の施肥設計がしやすくなりました。

■作物別の施肥基準にもとづき必要な養分量を決める

都道府県等で定めた作物別施肥基準に準じて、3要素の必要量をつかみます。できれば土壌診断を行い、この必要量を調整するのが望ましいのです。

■堆肥の窒素の化学肥料との代替率を決める

堆肥の併用量が示されている場合にはそれに従いますが、一般には窒素の必要量のうち、堆肥で代替する割合は、牛ふん堆肥では30％、豚ぷん堆肥および鶏ふん堆肥では60％を限度にした方がよいとされています。

表17 家畜ふん堆肥の3要素の肥効率の目安

	堆肥の全窒素含量 （乾物当たり、%）	肥効率（%）		
		窒素	リン酸	カリ
鶏ふん堆肥 液肥	2%未満	20	80	90
	2〜4%未満	50	80	90
	4%以上	60	80	90
豚ぷん・牛 ふん堆肥	2%未満	10	80	90
	2〜4%未満	30	80	90
	4%以上	40	80	90

（牛尾ら）

使用する堆肥に含まれる窒素の肥効率を知る

　堆肥に含まれる窒素には、主に微生物に取り込まれている有機態窒素とアンモニアや硝酸態窒素などの無機態窒素の2種類があります。有機態窒素はこのままでは作物は使えません。化学肥料のような無機態窒素にならないと根から吸収できないのです。堆肥を施用すると、有機態窒素の一部は微生物の働きで無機態の窒素に変化して、初めて作物に吸収されるようになります。ですから、堆肥の窒素がすべて化学肥料と同じように使えるわけではなく、堆肥によって窒素の有効性は異なります。このことは、リン酸やカリでも同じです。

　化学肥料の養分の肥効を100とした場合の堆肥の有効性を肥効率（%）と呼びます。この肥効率は、堆肥ごとに異なりますが、これを測定する方法は今のところ確立されていません。このため、**表17**に示した肥効率を使っているのが現状です。

堆肥の施用量を計算する

　窒素の必要量、堆肥窒素の代替率、肥効率および使う堆肥の窒素含量から、以下の式により堆肥の施用量が計算できます。

堆肥の施用量（t/ha）

$$= \frac{必要窒素量（kg/ha）}{1000} \times \frac{代替率（\%）}{100} \times \frac{100}{堆肥の窒素含量（\%）} \times \frac{100}{肥効率（\%）}$$

　この堆肥の施用量を施せば、窒素の要求量のうち30％は堆肥から供給できることになりますが、リン酸とカリがこの施用量で不足するようであれば、化学肥料で補います。実際の計算例は **Q83**（159頁）を参照してください。

一口メモ

堆肥の3要素の肥効率と窒素の無機化率

　堆肥に含まれる窒素、リン酸、カリを施用した場合に、完全に化学肥料と同じ働きをするわけではないため、化学肥料を100とした場合の利用効率を肥効率と呼んでいます。

　このうち、カリは堆肥の中でも無機態カリとして存在するため、化学肥料と肥効はほぼ同じと考えてよいのです。窒素の無機化率は、堆肥を土壌とともに一定期間培養して、無機態窒素を測るものです。

　一般には、30℃・4週間の培養で無機態窒素になった部分を全体の窒素量で除して窒素の無機化率としています。4週間ですから化学肥料と同様に速効的に使われる窒素の量を表すことになり、ほぼ窒素の肥効率と同じと考えられます。

Q83. 飼料用トウモロコシ畑に堆肥を入れる場合の堆肥量の決め方は？

乳牛ふん堆肥は、飼料用トウモロコシ畑にどれだけ入れることができますか？ちなみに、堆肥成分の分析結果は、水分52％、窒素、リン酸、カリの乾物中の含量はそれぞれ、2.2、1.8、2.8％です。また、トウモロコシの予想収量を50～60 t/haとすると、必要な施肥量（施肥基準）は、窒素、リン酸、カリで、それぞれ、200、180、200 kg/haになっています。

A 堆肥の分析結果は、通常は乾物中の養分含量で示されますから、現物中の養分含量を求めます。これには、乾物割合（この場合は100から水分含量の52％を引き、これを100で除した0.48）を乗じ、堆肥の現物中の窒素含量は1.06％になります。これに、Q82（157頁）で示した肥効率/100を乗じると、化学肥料と同等の効果がある有効養分含量が求められます。

つぎに、Q82で示された計算式によって、堆肥の施用量は次のように算出されます。

表18　施用する堆肥の現物中有効養分含量の計算

	窒素	リン酸	カリ
堆肥の養分含量（乾物中、％）	2.2	1.8	2.8
堆肥の養分含量（現物中、％）	1.06	0.86	1.34
堆肥の養分の肥効率（％）	30	80	90
堆肥の有効養分含量（現物中、％）	0.32	0.69	1.21
窒素の堆肥による代替率（％）	30		

堆肥の施用量(t/ha)

$$= \frac{200\,(\text{kg/ha})}{1000} \times \frac{30\,(\%)}{100} \times \frac{100}{1.06\,(\%)} \times \frac{100}{30\,(\%)} = 18.87$$

つまり、堆肥を 18.87 t/ha 施用すれば、有効窒素量は 60 kg（＝ 18.87/1000 × 0.32/100）となり、化学肥料の窒素は 60 kg 減じて、140 kg/ha 施せばよいことになります。

リン酸とカリは、堆肥を 18.87 t/ha 施用すれば、有効養分量（化学肥料相当分）として、それぞれ、130 kg および 228 kg が供給されますので、リン酸の場合は不足分である 50kg を化学肥料で補い、カリの場合は堆肥だけで必要量を満たしているので、化学肥料の必要はありません。なお、カリの過剰はこの程度では問題ありませんが、大幅に必要量を超過し、問題が生じるようであれば、堆肥の施用量（窒素の代替率の 30 %）を減らす必要があります。

堆肥の施用量の計算は、一見煩雑なようにみえますが、理屈さえ飲み込められれば後はパソコンで簡単にできますのでぜひ試してください。

一口メモ

カリウムの過剰とグラステタニー

カリウム(K)の含有量が多い堆肥を、草地や飼料作物に大量に施用すると、飼料作物がカリウムを多く吸収し、拮抗作用によってカルシウム(Ca)やマグネシウム(Mg)の吸収が抑えられるため、作物中のマグネシウムが減り、それを家畜に給与した場合に、グラステタニー（低マグネシウム血症）発生の原因になります。尿を混合した堆肥ではカリウム含量が高くなっていますから、堆肥の施用に当たってはカリウムが過剰にならないように注意してください。

84. 堆肥を施用するには土壌診断が必要なのか。どんな診断項目があるのか？

堆肥を施用するには、堆肥の成分分析とともに土壌診断が必要なのですか。また土壌診断にはどんな項目がありますか。

安定した作物生産をあげ、土壌環境を健全な状態に保つには、作付前に土壌診断を実施するのが常識になりつつあります。その内容も、pHを中心とした簡易診断から多項目の分析による養分バランスを診断する方法に変化しています。土壌診断は、堆肥の成分分析と車の両輪の関係にありますから、どちらが欠けてもその作物にとって適正な施肥はできないことになります。

土壌診断は物理性と化学性の2つの診断に大きく分けられます。

土壌の物理性の診断

土壌の粒径

土壌の粒径は、粗砂（2〜0.2 mm）、細砂（0.2〜0.02 mm）、微砂（シルト、0.02〜0.002 mm）、粘土（0.002 mm以下）に分類されます。2 mmを超えるものは礫（れき）といいます。砂は水や空気の通りがよく、粘土は水や養分を保持する性質が高く、砂や粘土の割合がどのくらいあるかは土壌診断の基本項目の1つです。

土壌の硬さ（ち密度）

作物の根の伸長、水や空気の通り、小動物や微生物にまで土の硬さが影響します。近年は、機械の圧密で土が硬くなり、農業生産に支障をきたす場面も増えています。硬度計で測ります。

土壌の三相組成

土壌は、固相（土）、液相（水）、気相（空気）の三相から成り立っています。これらの割合によって、土壌の硬さ、保水力、透水性、通気性などの物理性が影響を受けます。固相が多くなると、土は硬く締まり根が入りにくくなり、液相が多いと空気が追い出され、酸素不足で湿害にかかりやすくなります。また、気相が多いと土は乾燥して水不足で作物は枯れます。一般に作物に適する比率は固相45〜50%、液相および気相は20〜30%とされています。

腐植の含量

腐植そのものは養分として直接作物に吸収されるものではありませんが、土壌の物理性、化学性、生物性を改善して作物の生育や収量を高めるので、腐植含量は土壌診断の基本項目の1つです。堆肥など有機物の施用によって高まります。

■土壌の化学性の診断

比色などを利用した簡便法、全農型土壌分析装置など分析装置による方法、原子吸光やICP分析などによる精密分析法があります。土壌分析では、ある範囲が分かればよい場合が多いため、多少の誤差はあっても正確、迅速、安価が重要です。

pHとEC

土壌の化学性診断ではもっとも基本的な項目です。作物の最適pHは4～7の範囲で少しずつ異なります。pHが低い場合は石灰資材を施用しますが、最近では、pHを下げなければならない事態がみられます。pHおよびECについては、それぞれ、Q62(116頁)およびQ71(133頁)を参照してください。

窒素

窒素は植物体の蛋白質を構成する重要な成分です。窒素が欠乏すると、葉などが黄化し、生長が鈍り、収量・品質が落ちます。しかし、果樹では窒素の栄養を抑えると糖度が増して甘くなるとされます。窒素過剰では過繁茂、さらには軟弱化して、病害虫や冷害に対して抵抗性が減少します。土壌診断では植物に利用されるアンモニア態窒素や硝酸態窒素のほかに有機態窒素を含む可給態窒素の分析が重要です。

リン酸

窒素と並んで重要な成分の1つです。不足すると生育不良、開花や結実の悪化、果実では甘みが少なく品質も低下します。過剰障害は比較的出にくいようです。リン酸分の多くは土壌に強く吸着固定されており、植物に利用可能なリン酸(有効態リン酸)は少なく、リン全体の1/5～1/20程度です。とくに、アルミニウムを多く含む火山灰土壌でこの傾向は強くあります。土壌診断では有効態リン酸の測定が重要です。

石灰(カルシウム)、苦土(マグネシウム)、カリウムとCEC

窒素とリン酸を合わせて5要素ともいい、重要な成分です。これらの成分は水に溶けて陽イオンとなり、土壌中では粘土や腐植などがもつマイナスイオンに引っ張られて吸着・保持されていますが、水素イオンと置き換わって溶け出し、植物の根から吸収されます。このような植物に利用されやすい成分を交換性塩基類とよび、土壌診断で分析されます。CEC(陽イオン交換容量)は、これらの成分やアンモニア、ナトリウムなどの陽イオンを吸着する能力をいい(Q7、12頁)、この値が大きいほど保肥力が高いことを意味します。

微量要素の診断

鉄、塩素、ホウ素、マンガン、亜鉛、銅、モリブデンの7元素を総称して微量要素といいます。ある程度有機物を含む土壌や堆肥などを施用する土壌では、これらが不足することはあまりありません。ケイ酸は必須元素ではありませんが、イネ科植物では欠乏すると、生育低下や茎葉が軟弱となって倒伏のリスクが高まります。

Q85. 成分調整堆肥とは何か？

成分調整堆肥とはどのようなものを指すのか、例をあげて教えてください。化学肥料は必要ないのでしょうか。

A 成分調整堆肥は、家畜ふん堆肥や油粕などの有機質資材を、作物別の肥料成分要求量に合うように混合したものです。多くの場合はペレット化してあるので、成分調整成型堆肥ともいわれます。その製造方法については、**Q99**（187頁）を参照してください。

成分調整堆肥の特徴

ペレット状になっている場合は、耕種農家手持ちの石灰散布機やブロードキャスターで散布できるため、堆肥散布機の整備や散布サービスが不要です。また、重量や容積が通常堆肥の半分程度になるので、貯蔵容積や輸送経費、散布労力が半減できます。とくに、マニュアスプレッダで対応しづらいハウス栽培や傾斜地の果樹園などで手撒きせざるをえない場合には有利です。以上の特徴はペレット化堆肥一般にいえることですが、成分調整堆肥では、有機質資材を作物の養分要求量に合わせて化学肥料換算で混合しているため、化学肥料を主体とする慣行栽培と同等の作物生産が得られることが大きな特徴です。

なお、有機質資材のみでは初期生育が劣ることがあるため、若干の化学肥料を別に施肥するのが普通です。

スイカ栽培用成分調整堆肥の事例

ここでは、九州沖縄農研の薬師堂らが行っているスイカ栽培用の成分調整堆肥の事例を紹介します。スイカ栽培での10a当たりの窒素、リン酸、カリの施用量は、それぞれ、13、14.2、15kgとし、これに合わせて資材を混合、調整することにします。堆肥としては、牛ふん堆肥と豚ぷん堆肥を使っていますが、牛ふん堆肥は2次発酵まで十分に行い、土壌中の微生物と同様の中温性微生物（常温菌）を増殖させています。これにより、土壌消毒によって微生物がほとんどいない土壌に対しても優れた微生物の供給が行われます。

牛ふん堆肥および豚ぷん堆肥に、ナタネ油粕を混合して、前述の窒素、リン酸、カリの施用量に合わせたのが**表19**です。牛ふんと豚ぷん堆肥だけでは、どうしても窒

表19　成分調整堆肥の成分調整事例（スイカ栽培用）

有機質資材	混合割合と乾物量（%）	乾物中成分量（%）		肥効率（%）	化学肥料換算成分量（%）	肥料成分量（kg）
牛ふん堆肥	46.4 （乾物量 290 kg）	窒素 リン酸 カリ	2.41 2.72 3.97	30 70 90	0.72 1.90 3.57	2.10 5.52 10.36
豚ぷん堆肥	8.4 （乾物量 52 kg）	窒素 リン酸 カリ	3.23 11.52 3.72	40 70 90	1.29 8.06 3.35	0.67 4.19 1.74
ナタネ油粕	45.2 （乾物量 282 kg）	窒素 リン酸 カリ	6.04 2.28 1.14	60 70 90	3.63 1.60 1.03	10.24 4.58 2.90

成分調整成型堆肥（水分15%）の施用量は734.6 kg/10a
窒素、リン酸およびカリの施用量は13、14.2 および15 kg/10a
初期生育用に窒素2 kg 相当を化学肥料で別に施肥する

素が低くなるため、ナタネ油粕を半分近く混合して窒素を高めます。各資材の乾物中の各成分量（%）に肥効率を乗じると、化学肥料と同等の働きがある成分量（%）がでるので、これらに各資材の乾物混合量を乗じると肥料成分量が算出されます。窒素、リン酸、カリごとに各資材の肥料成分量を合計すると、10 a 当たりに施用する各成分量は 13、14.2、15 kg となります。施用量は水分を 15 % に乾燥したものを 734.6 kg/10 a ですが、前述の通り初期生育用に化学肥料で窒素 2 kg 相当を別に施肥しています。

　スイカの事例を紹介しましたが、ムギ、大豆、メロン、イチゴ、キャベツ、カボチャなどで実証されています。各作物で減化学肥料栽培が増えているので、この成分調整成型堆肥の流通の拡大が期待されます。

Q86. 堆肥を入れると冷害に強いというのは本当か？

10年以上前の大冷害の年、堆肥を入れた農家は被害が少なかったと聞きましたが本当ですか。
もし効果があるとすればどうしてなのですか。

A 平成5年の大冷害は、水稲で収穫ゼロになるところが出たほど厳しいものでした。当時、東北農業試験場では「冷害の記録」としてまとめるために多くの農家を調査しました。その聞き取りの中で堆肥を入れると冷害に強いという事例もありました。しかし、堆肥が冷害回避効果を示したと結論づけることはできませんでした。

一般に堆肥を積極的に入れている農家は、そのほかの管理作業に対しても「こまめ」であることが多く、冷害被害の軽減は堆肥投入という単一の効果ではなく、それらが総合的に影響したものと考えるほうが正しいとされました。

もちろん、堆肥を入れることで土壌の物理性、化学性、生物性を改善しておくことは、冷害回避の1つの技術として評価すべきであるとも指摘されました。

Q87. 堆肥を施すと稲が倒伏したり、食味が悪くなると聞いたが、本当か？

> 堆肥を施用すると稲が倒伏したり、食味が悪くなるので使わないという農家がいますが、それらのような現象は本当に起きるのでしょうか。

A 確かに、窒素が高くなりすぎると稲が倒伏するようになります。また、一般に窒素が多いと玄米中の蛋白質含量が高まるので食味が落ちるともいわれています。

しかし、これは堆肥を施用したからということではなく、化学肥料を含めた窒素の施用量が過剰になったからです。

水田の地力や堆肥に含まれる窒素を無視して、従来通り化学肥料を施肥すれば当然の結果といえます。作付前の土壌診断にもとづいて、施肥設計をきちんと行うことによって回避できます。

水田の地力や腐植含量を高め、作物の安定生産をはかるには、どうしても堆肥が必要です。水稲ではQ76（144頁）にあるように、肥料効果や腐熟よりも安価であることが求められています。コストの安い堆肥を施用すれば、化学肥料の減肥によってコスト削減が可能になります。水田農家に対してはこのコスト削減という目的がもっとも説得力があると思います。

Q88. 堆肥の施用で野菜や果樹の品質は高まるのか？

> 堆肥のような有機質肥料を施用すると作物の品質がよくなると聞きますが、本当でしょうか。

　はっきりした結論は出されていないのが現状です。堆肥を入れた効果として、生産物の品質が向上するとはよくいわれていることですが、有機物を施用して育てた作物が高品質かどうかは、これまで肯定的な結果と否定的な結果が出されていて、はっきりした結論は出されていません。

　肯定的な報告では、有機質肥料で栽培したホウレンソウは化学肥料と比較して硝酸態窒素含量と遊離アミノ酸含量が低く、アスコルビン酸（ビタミンC）と糖の含量が高くなる傾向がみられ、食味試験でも甘みが強く、えぐ味が弱かったという結果があります。

　しかし、一方ではダイコンの根部で、硝酸態窒素やアスコルビン酸等の含量には差がなかったという報告もあります。また、有機質肥料栽培のニンジンは柔らかく、色が薄く、糖とカロテン、香りが弱く、全体的な総合評価はむしろ低かったとする否定的な報告もあります。

■品質が高まる条件は十分にある

　このように、一定の結論は得られていませんが、堆肥を連用すると土壌が改良されて団粒構造に富む土になり（**Q75**、142頁）、日照りや多雨などの異常気象にあっても作物への影響は最小限にくい止めることができます。一方、化学肥料のみを施用して固くなった土は、水不足や酸素不足によってデリケートな細根や根毛が損傷を受け、これが作物の品質に影響を及ぼすということは十分に考えられることです。

　堆肥を施用して品質を向上させている農家をみると、土壌診断等にもとづいて、どのような堆肥をどれくらい入れるかを判断しています。それにふさわしい堆肥を複数の原料からブレンドしたりもしています。堆肥施用とともに、深耕をはかったり、排水促進をしたり、という土壌管理全般に対し、積極的に対応しています。ですから、単にやみくもに堆肥を入れれば品質が上がる、というのではなく、良質の生産物を得るために堆肥を活かす方法がある、と広く考えるのがよいと思います。

作物の品質への効果は過信しない

　単純に化学肥料と有機質肥料を比較するのは難しいのです。今後、いろいろな情報が蓄積されて、有機質肥料を施用すると品質が高まるということが明らかにされるかもしれません。

　しかし、作物の品質は様々な要因によって左右されるので、現状では、有機質肥料の効果を過信することなく、適切な栽培管理に努める必要があると思われます。

Q 89. 堆肥の施用効果を作物の栽培試験で示すには？

作物を堆肥で栽培して、施用効果や安全性をアピールしたいのですが、どのようなことに気をつければよいでしょうか。

A　耕種農家へのアピールの方法として、栽培試験はとても効果的だと思います。しかし、これまでは単に堆肥で栽培しただけで、効果をはっきり示すことができていない場合が多かったようです。

■自信のある堆肥を作る

必ず、きちんと温度を上げ、切り返しも十分に行った堆肥を作ってください。といって、試験用に特別に調整したものを使ってもいけません。いくら栽培試験でよい結果が出ても、実際に使った農家で悪い結果が出てしまうと信用を失います。

■農家に協力してもらう

作物の栽培に経験がない場合には、普及関係者や周囲の農家に協力してもらった方がよいでしょう。できれば試験をする農地や栽培管理を、他の農家に依頼できれば、栽培に失敗することが少なくなる上に、客観性も高まってよりアピール度が増します。

■どのような効果を示すかをはっきりさせる

堆肥の使用目的は、土壌改良効果、肥料効果、品質を高める効果などいろいろあるので、焦点を絞ることです。土壌改良効果や作物の品質改善効果を示すのは、かなり長期間を要し、難しい面がありますから、施用効果を短期間で示すには肥料効果を示すのがよいと思います。

栽培作物を何にするかも重要ですが、コマツナが一般的に用いられています。複数の作物を用いることができればさらによいでしょう。

■土壌を選び、対照区は必ず設ける

　栽培試験の設計が一番重要です。肥料効果をみるには、当然のことですが、十分な肥料成分がある肥沃土壌では駄目です。肥料成分が堆肥から供給され、それが作物の生長に有効に使われるような土壌でないと、堆肥の肥料効果は示せません。どちらかといえば痩せた土壌が適しています。

　この場合、堆肥を施用しない対照区は必ず設けるようにしてください。これまでは試験区のみというケースが多くみられたのですが、試験区と対照区を比較して実証、展示することにより説得力は著しく高まります。

■試験栽培の方法

　土地を2つ以上に分けます。できるだけ多くに分けた方がよいのですが、その半分を無作為に選んで堆肥を施用し、残りの半分には何も施用しません。そこに作物を栽培しますが、栽培条件は同一とし、決して片方だけに特別なことをするようなことはしないでください。

　栽培の結果、堆肥を施用した方の収穫が多ければ、堆肥の肥料としての効果があったことが示されます。また、きちんと農作物が収穫できたことで、安全性も示せます。

■記録をとる

　単に栽培試験しただけでは、栽培している期間や直後しか、堆肥のよさをアピールできません。記録することで、後々までアピールする材料に使えますし、次に同じような試験を行うときに活かせます。

　試験の目的、試験の計画、作業の内容・日時・場所を、できるだけ詳しくノートに書いて残すようにしてください。また、思いついたことや気づいたことを、些細なことでも書き留めておくようにします。最近は高性能のデジカメが安価で入手できるようになりましたから、作業の様子や作物の状態、土の状態などを頻繁に撮影しておくとよい記録になり、説得力のあるアピールができます。

第10章

販売

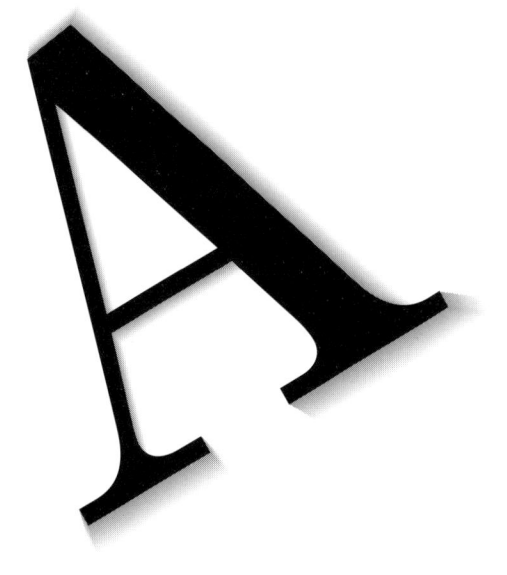

Q90. 耕種農家が堆肥を使う目的とは何か？

> そもそも耕種農家が堆肥を使う目的として、どんなことがあるのでしょうか。

A 耕種農家が堆肥を使う目的には、直接的な目的と、より大きな「わが国の環境を保全する」という視野からの2つがあると考えてください。

直接的な目的というのは、堆肥の施用そのものの効果を狙ったもので、堆肥の施用効果については Q7（12頁）に詳しく述べてあります。また、作物ごとにどのような堆肥が求められているかは、Q76（144頁）を参考にしてください。

2つめの、わが国の環境を保全するという広い視野から堆肥が使われていることを忘れないでください。畜産側が、家畜ふん尿をやむをえず「処理」する立場で作った堆肥が、無条件に耕種農家に受け入れられるだろう、という一方的な期待はもはや通用しません。

■環境保全型農業の推進役「エコファーマー」

平成11年7月に「持続性の高い農業生産方式の導入の促進に関する法律（持続農業法）」が成立して、わが国では環境保全型農業の促進に力が入れられることになりました。この法律における持続性の高い農業生産方式とは、具体的には以下の3つの技術を駆使するものです。

①**土作り技術**
　堆肥等の有機質資材の施用で、土壌の性質を改善する
②**化学肥料を減らす技術**
　化学的に合成された肥料の施用を減らす
③**化学農薬を減らす技術**
　有害動植物を防除する上で、化学的に合成された農薬の使用量を減らす。

このような環境保全型農業を営む農家は「エコファーマー」という愛称で呼ばれていますが、都道府県知事が認証したエコファーマーの数は、この数年で急速に伸びています。平成17年3月末現在、全国で約7万5700件にのぼり、地域的な偏りがあって東北、関東、九州で多くなっています。エコファーマーに堆肥を使ってもらうには、堆肥の成分が明確で安定していること、有害物質が含まれていないことが最低の条件です。エコファーマーの多くは、堆肥にこだわりをもっていますから、それに応える

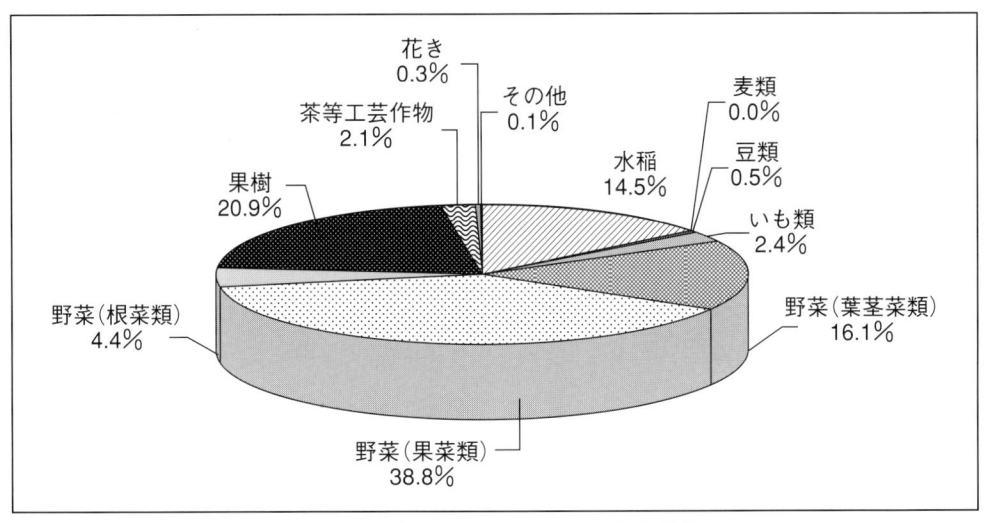

図33 作物別のエコファーマー認定件数

（平成17年3月末現在、農水省調べ）

ことが堆肥の需要拡大に繋がります。

　作物別のエコファーマーの認定件数を図33に示しましたが、野菜（果菜類）、果樹、水稲が多く、野菜でも根菜類は少なくなっています。

> **一口メモ**
>
> **農業環境関連三法**
>
> 　わが国の農業環境を保全するため、平成11年に、「家畜排せつ物の管理の適正化及び利用の促進に関する法律」、「持続性の高い農業生産方式の導入促進法」および「改正肥料取締法」のいわゆる農業環境関連三法が交付されました。家畜排せつ物法は、ふん尿の野積みや素掘りを原則禁止とする一方で、ふん尿処理施設の導入、整備を積極的に支援して促進させようとするものです。後二法との相互作用で、畜産と耕種農家との連携と堆肥流通の一層の促進を図るのがねらいです。改正肥料取締法についてはQ6（10頁）、家畜排せつ物法はQ12（22頁）も参照してください。
>
> **農業環境規範**
>
> 　わが国の農業を環境保全を重視したものに転換することを目的とし、平成17年に「農業生産活動規範（農業環境規範）」が策定されました。家畜排せつ物の利活用の促進や土作りの励行など、環境との調和のための生産活動を農業者自らが点検し、それを積極的に実践している農業者に対して各種の支援策を講じるとするものです。

Q91. 稲作農家に堆肥を使ってもらうには？

> 稲作農家に堆肥を使ってもらいたいのですが、どうすれば使ってもらえるようになりますか。また、水田に堆肥を使うようになったきっかけとしてどのようなことがありますか。

A 水田に堆肥を入れると窒素が増えて米の味が落ちるとか、堆肥は肥料成分が分からないので使いづらいなどの理由で、これまで堆肥施用は敬遠されていました。しかし最近、堆肥を使って立派に高品質米を生産しているところが増えてきました。稲作農家に堆肥を使ってもらうには、まずどんな要望があるのかを知ることが大事です。

Q76（144頁）・表16 に、水稲に要求される堆肥の特徴が載っていますが、肥料効果や腐熟度よりも、安くて取り扱いやすい堆肥が望まれています。一般的に、水田には牛ふん堆肥が向いているといえますが、肥料効果を期待している稲作農家もおり、鶏ふんペレット堆肥がかなり普及している地域もあります。自分の経営の特徴と周辺の農家の状況をよく調べて、何が「売り」になるかを正しく判断することが、堆肥の販売にとって重要です。

■堆肥と稲わらの物々交換が堆肥の利用を高める

堆肥の利用が比較的進んでいる栃木県T町での稲作農家を対象とした「堆肥を施用する理由」についてのアンケートの結果を図34に示しました。もっとも多かったのは「畜産農家と稲わらの交換があるから」（27.5％）で、水稲農家の74％は堆肥を施用していると回答しています。稲わらとの物々交換は、稲作農家にとっては堆肥の購入費が生じない上、散布サービスが受けられ、畜産農家にとっても水分調整のための良質な副資材が得られることから、両者にとってメリットがあります。さらに地域にとっても、稲わらを有効に活用した地域物質循環の推進という意義があります。

堆肥の施用理由としては、他に地力の向上、減農薬・減化学肥料による特別栽培米の生産等もあります。

■■ 第10章 販売 ■■

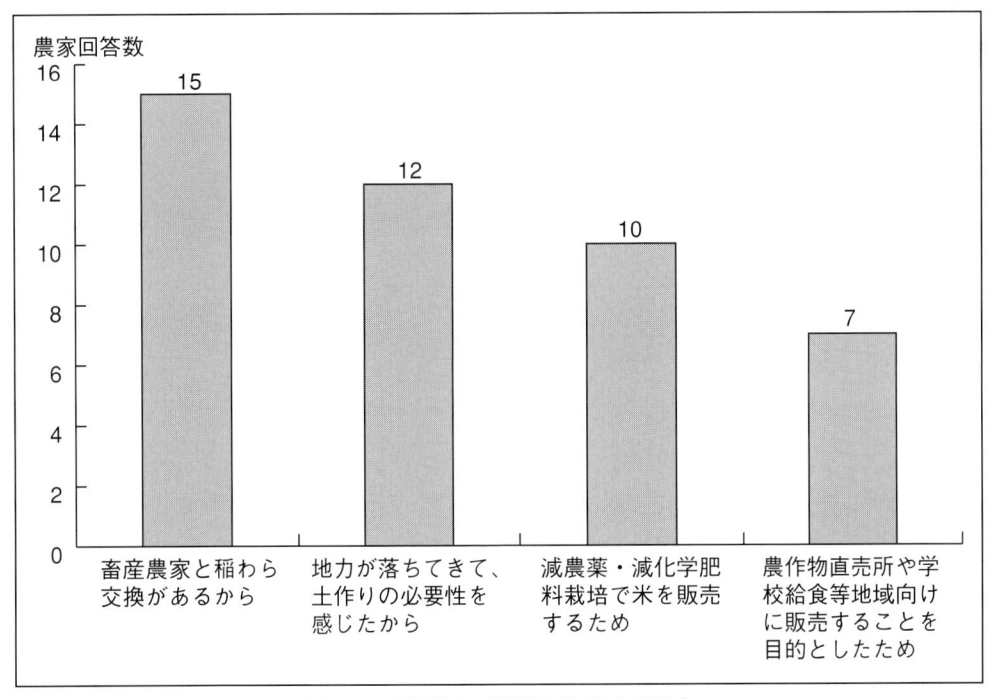

図34 水稲農家が堆肥を施用する理由

「手引き，前掲」

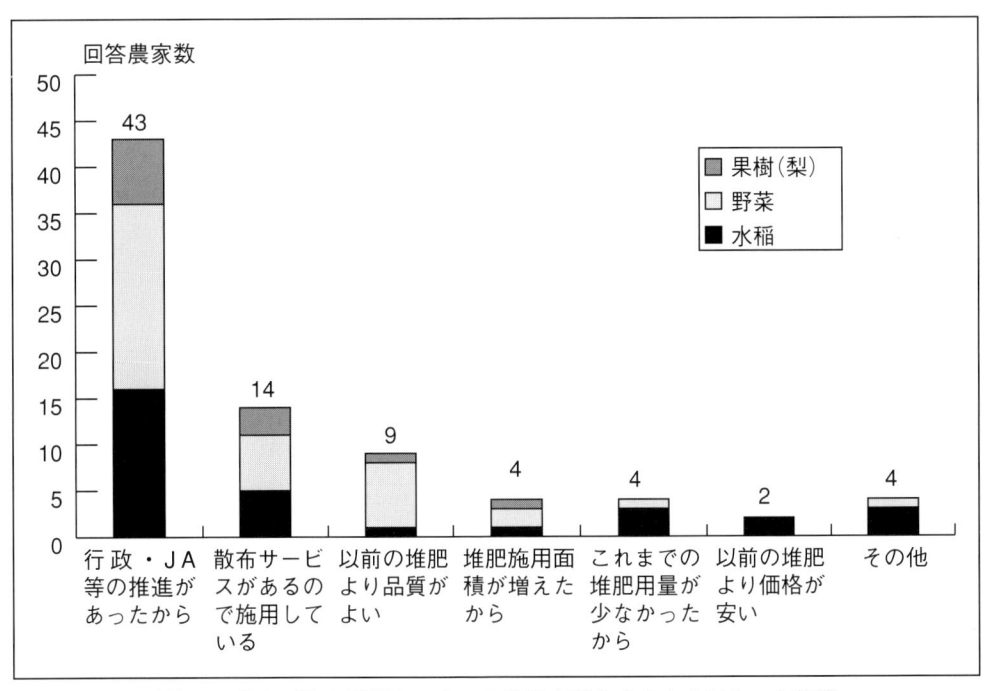

図35 農家が町の堆肥センターの堆肥を購入するようになった契機

「手引き，前掲」

175

■堆肥の散布サービスが重要

　同じ栃木県T町で行ったアンケート調査で、町の堆肥センターで生産された堆肥を使うようになったきっかけを聞きましたが、その結果を図35に示しました。もっとも多かったのは、行政・JA等の働きかけでしたが、2位は堆肥の「散布サービスがあるから」で、その重要性がうかがわれます。とくにこの要望は水田農家や果樹農家で強く、施設野菜等の農家はむしろ袋詰めでの供給を望んでいます。

　「以前の堆肥よりも品質がよい」が3位に上がっていますが、裏を返せば良質の堆肥でないと使えないということになります。

■堆肥の水田施用にともなう問題点とその対策

　堆肥の水田への施用にはメリットばかりでなく問題点もありますので、その対策をきちんと立てることが堆肥需要の拡大につながります。

　問題点としては、堆肥の散布のため大型トラクターを使うので土が固くなる、未熟堆肥だと畑状態にしたとき雑草が生える、等です。トラクターによる踏圧は、堆肥散布後に耕耘することを検討すべきでしょう。未熟堆肥の問題は、堆肥化の基本どおり高温発酵を行うならば解決できます。

Q92. 凝集剤が入った堆肥が耕種農家に敬遠され、販売が難しい。対策は？

> 凝集剤を混ぜて固液分離したふん尿堆肥が、耕種農家に敬遠されて困っています。対策について教えてください。

A 凝集剤が入った堆肥は、確かに、耕種農家が敬遠する傾向があるようです。過去に下水汚泥などを凝集剤で固液分離した堆肥に重金属などの問題があったために、凝集剤に悪いイメージがついてしまっているからかもしれません。

しかし、凝集剤そのものはPAC(ポリ塩化アルミニウム)系以外ならば、とくに問題になるものではありません。PAC系の凝集剤はアルミニウムを主原料としており、これを含む堆肥を農地に施用するとアルミニウムとリンが結合してしまうため、リン酸が欠乏して植物の生育を阻害する恐れがあります。まず、用いている凝集剤がPAC系であるかどうかを確認してください。鉄系の凝集剤なら土壌への鉄分の補給になりますし、高分子凝集剤ならば土壌の保水性を高める効果が期待できます。

凝集剤を使用している場合は、家畜ふん堆肥を特殊肥料として販売することはできません(**Q6、10頁**)。販売する場合は、普通肥料としての登録が必要です。

現在では、凝集剤を使った下水汚泥でも、重金属などを含まないことを確認した上で広く肥料として利用されています。凝集剤を使わないに越したことはありませんが、まずは耕種農家の誤解を解く努力が解決の糸口となります。

Q93. 商品価値の高い堆肥とは？

> 商品価値の高い堆肥とはどんな堆肥ですか。どうしたら商品価値のある堆肥ができますか。

A 一般の「商品」について考えてみてください。その商品がよく売れる理由がそのまま商品価値ということになります。堆肥の場合も、そのユーザーが何を求めているのか、それぞれのユーザーの要望に応えることが、商品価値の高い堆肥の生産につながります。

表20は、耕種農家に今後どのような家畜ふん堆肥の利用が進むと考えられるかを調査した結果です。複数回答になっていますが、「散布しやすい堆肥」と「安い堆肥」が50％を超えています。

■散布しやすい

散布しやすい堆肥への要望は、逆にいえば散布がいかに大変な作業であるかということです。ペレットなどの成型化もありますが、「バラ製品」でも散布サービスを行えば解決できます。

散布しやすさの他に、取り扱いやすい荷姿も重要で、フレコンバッグ製品や袋詰め

表20　耕種農家が今後利用が進むと考えている家畜ふん堆肥

(％)

顆粒やペレットなど散布しやすい堆肥	55
価格が安い堆肥	50
成分量が安定した堆肥	42
成分量が明確な堆肥	39
雑草種子が混入していない堆肥	35
衛生上の問題がない堆肥	33
施用量、施用時期や施用方法など、使い方を明記した堆肥	15
栄養成分（窒素、リン酸、カリ）が少ない堆肥	11
栄養成分（窒素、リン酸、カリ）が多い堆肥	4
その他	4
無回答	1

（農林水産省、2005）

製品も商品価値を高めます。

価格が安い

　安い堆肥には、安い堆肥を製造するほかに、輸送費などの流通経費の低減も含まれます。1つの事例として、熊本県のJA菊池（畜産地帯）の堆肥センターで生産した堆肥をフレコンバッグに入れて、同県のJA鏡（耕種地帯）に配送し、復路はJA鏡に隣接した飼料基地から飼料を積んで帰るという仕組みがあります。これにより流通コストはかなり安くなるそうです。

成分が安定している（届出あるいは登録をしておく）

　堆肥に含まれている成分量がはっきりしていて、安定している必要があります。そのつど変わるようでは、商品とはいえません。特殊肥料としての届出をきちんとしてください。乾燥鶏ふんあるいは鶏ふん堆肥の場合は条件にもよりますが、普通肥料としての登録も可能です（**Q6**、10頁）。

安全である

　雑草種子の混入や病原菌が残っているような堆肥も商品とはいえません。サルモネラ菌が検出された堆肥もみられます（**Q74**、138頁）。60℃、2日間発酵をきちんと守れば問題ありません。塩類やECが高いと作物に生育障害が起きるとして嫌う耕種農家もいます（**Q71**、133頁）。

　この他、耕種農家が要望する堆肥に対するニーズはいろいろありますが、その重要度はユーザーによって異なりますので、対象となるユーザーが何を重要と考えているのかをつかみ、それを満足させる堆肥がもっとも商品価値の高い堆肥ということになります。

　そのような商品価値の高い堆肥をどのようして作るかは、他のQ&Aの項目を参考にしながら、工夫してみてください。

耕種農家のニーズを知ろう

Q94. 堆肥センターの赤字を解消するには？

> 堆肥の販売状況が不振で堆肥センターの経営がいつも赤字になってしまいます。赤字を解消するよい方法はないでしょうか。

A 堆肥センターで赤字でないところがむしろ珍しいくらいで、全国的に苦労しています。赤字解消といってもそう簡単なことではないのですが、ここでは、堆肥の製造と販売の2つに分けて考えてみます。基本は、堆肥を1つの「商品」と考えることです。

ユーザーが求める商品価値のある堆肥を生産する

　堆肥の製造面では、生産される堆肥の消費者がどのような品質の堆肥を求めているかをはっきりさせて、無駄なことはしないようにします。ユーザーが求める堆肥が1ヶ月の堆肥化で十分であるとすれば、それ以上の時間は無駄ということになります。「安い」堆肥への要望もかなり強いものがあるので、堆肥としての最低限の条件を満たした上で、徹底的に安い堆肥を生産するのも1つの方向かもしれません。逆に、手間やコストを掛けて、付加価値をつけて高い価格で販売するという方向もあります。

　商品価値のある堆肥についてはQ93(178頁)を参照してください。

安定供給が堆肥販売の基本

　堆肥の施用時期は偏っているため、需要に合わせての供給は大変ですが、「商品」である以上、必要なときに必要な量だけ供給するのが基本です。流通体制を整え、注文を受けたら短時間に供給できるようにすることが重要です。保管場所や運搬方法の工夫も必要になります。

堆肥の特徴をはっきりさせ、使い方まで説明する

　販売面は、堆肥センターにとって不慣れで不得意な分野ですが、堆肥を「商品」として考えれば、いろいろと工夫の余地があります。商品の販売には、まず販売している商品に関する知識が必要です。自分が生産している堆肥の特徴をよく知り、それをどのように使うかをユーザーに分かりやすく説明できなければなりません。

　耕種農家には、堆肥を散布するのが大変という切実な声があります。堆肥の配達や撒布サービスの体制を作ることも大事です。

販路の拡大

　全国各地で、堆肥需給マップの作成が進んでいますが、情報網を強化して、利用農家の確保に努める必要があります。一方では、造園緑化業者などの大口ユーザー、ホームセンターなどを通じた家庭菜園等での需要も見逃せません。この他、**Q9（16頁）** で述べた農地還元以外の利用方法も視野に入れ、販路の拡大に積極的に取り組むべきです。

商品のPR

　商品の販売には、広告・宣伝も必要です。商品である堆肥のよさをPRするカタログやパンフレットを作って、供試品を添えて配布するといった実例もあります。

　このように懸命な努力を行っても、赤字に悩む堆肥センターが多いのも事実です。そもそも、堆肥センターが独立採算で黒字にならなければいけない、という考え方にも問題はあります。懸命な努力を行っても解消されない赤字は、家畜ふんの処理費と考えて畜産農家が負担するか、畜産が盛んな地域では、地域に対する貢献を住民に認めてもらい、行政が負担しているところも多くあります。

　なお、堆肥センターの処理能力に余力があれば、食品循環資源を受け入れて処理料を受け取って経営改善をはかる方法も考えられますが、それには条件整備が必要です。

Q95. 耕種農家の堆肥の購入価格は？

耕種農家は平均してどのくらいの価格帯で堆肥を購入しているのですか。またどのくらいの価格設定なら購入してもらえるのでしょうか。

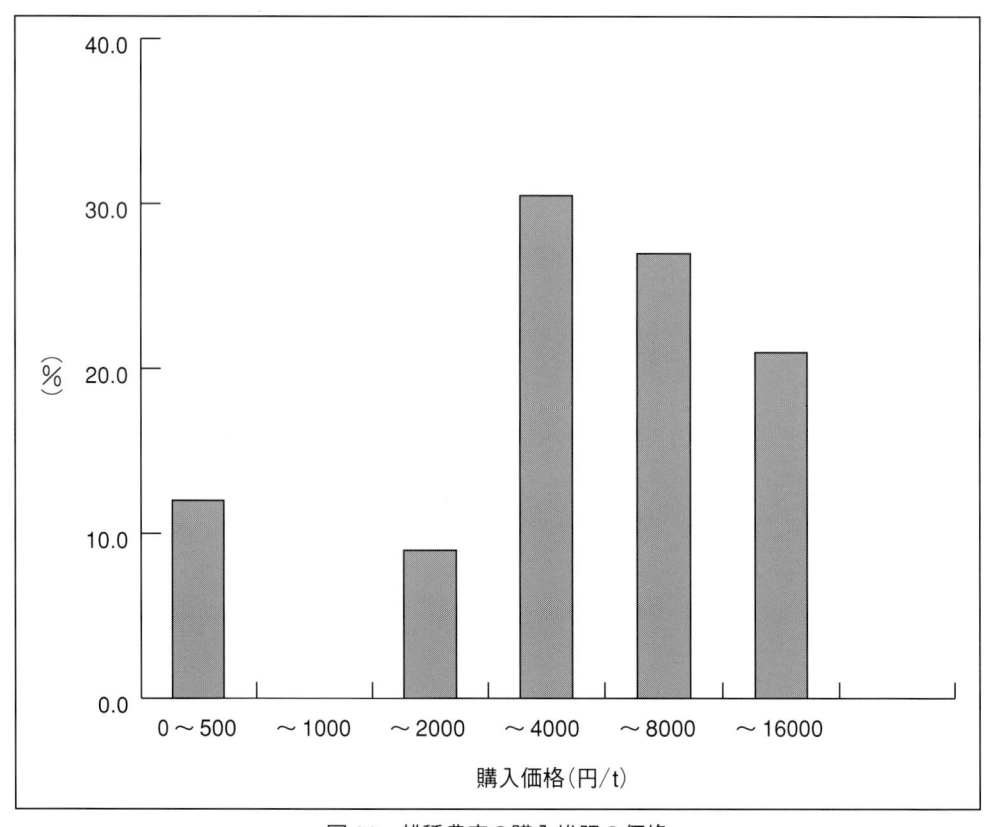

A 堆肥の販売では、耕種農家が購入できる価格を把握しておくことが大事です。堆肥の価格はピンからキリまであり一概にはいえませんが、北海道から九州までの比較的積極的に堆肥を利用している耕種農家115戸で行った調査結果を紹介します。

図36 耕種農家の購入堆肥の価格

(志賀ら)

堆肥購入価格は2000～4000円が多い

図36に示すように、堆肥の購入価格はt当たり2000～4000円がもっとも多くなっています。全体の20％ほどは8000～1万6000円でも購入していますから、ニーズに合った堆肥ならかなり高くても購入することが分かります。0～500円に1つのピークがありますが、安い生ふんあるいは未熟堆肥を購入し、自家加工していたり、稲わらなどとの交換で、堆肥を入手する農家があることを反映したものです。

なお、この調査によれば、購入した出来上がり堆肥をそのまま施用する農家が約半数ありましたが、堆肥を購入後ほぼ全量を再加工、あるいは生ふんなどの原料を入手して堆肥化する農家が30％を占め、一部再加工する農家を合わせると全農家の50％に達していました。これは、この調査が堆肥利用に積極的な農家を対象にしたためで、一般的な農家の傾向とはやや異なると思われます。

耕種農家が考える負担可能な限度額とは

耕種農家はできるだけ安価な堆肥を求めていますが、どこまで負担できるかをみてみましょう（図37）。もっとも多かったのは、t当たり4000～8000円の範囲です。最高限度額は、1万6000円までで、図36の実際の購入価格の上限と一致しており、耕種農家にとってはこれ以上の堆肥は使えないということになります。これらの金額は、堆肥を使う作物によってかなりの開きがあるので、**Q96(184頁)**も参照してください。

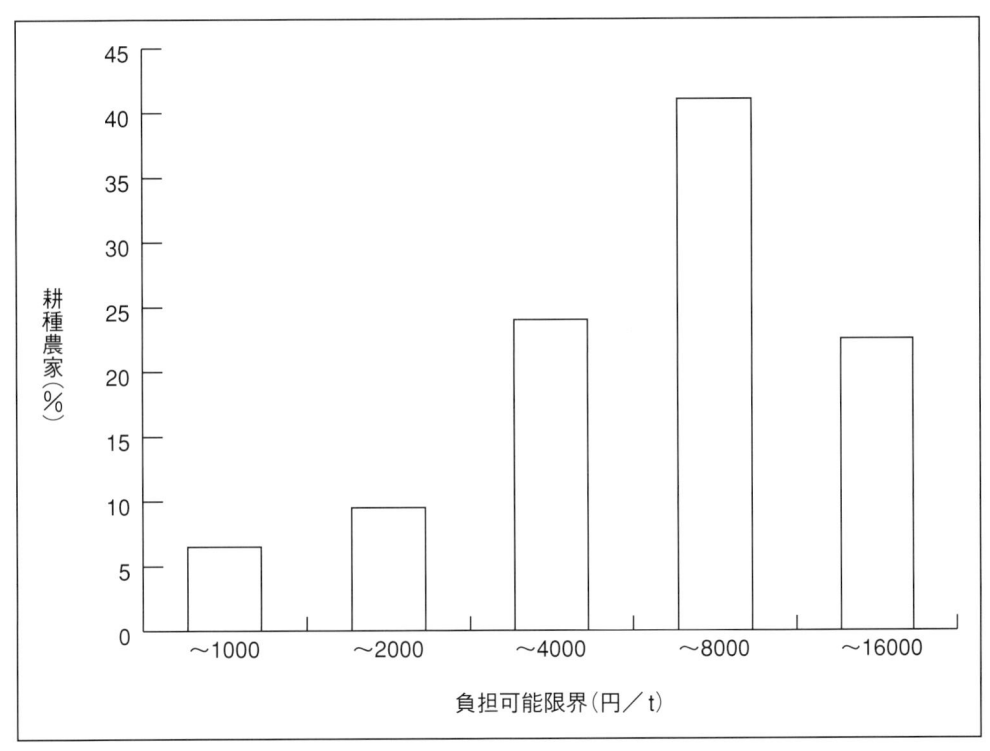

図37 耕種農家が考える負担可能な限度額

（志賀ら）

Q 96. 耕種農家が購入する堆肥の価格には作物による差があるか？

耕種農家が購入している堆肥の価格は、作物によって差がありますか。作物の中で一番堆肥の投資額が多いのは何ですか。

A 耕種農家が購入している堆肥価格には、作物によってかなり差があります。堆肥の販売を考える上では重要な情報になります。

表21はある県の調査結果です。堆肥の10a当たりの施用量は露地野菜や施設野菜で多くて約5tですが、ムギや大豆などの普通作物では少なく2t程度です。

堆肥の購入価格は、露地野菜の1890円/tから施設野菜の1万1153円/tと大きな開きがあります。花きでも比較的高い堆肥を使っています。また、堆肥に掛ける投資額をみると、普通作物では10a当たり1万円以下ですが、施設野菜では6万円くらい投資しています。これくらい掛けても、よい堆肥であれば使いたいという需要があるわけです。

表21 堆肥の施用量と購入価格、堆肥への投資額

	施用量 t／10a	購入価格 円／t	投資額 円／10a
普通作物	2.2	3,580	7,876
茶	2.8	2,625	7,350
露地野菜	5.4	1,890	10,236
施設野菜	5.2	11,153	58,443
果樹	3.7	2,824	10,547
露地花き	4.5	4,667	21,000
施設花き	3.7	10,237	37,857

(今井)

Q97. 年間を通して堆肥を販売する方法は？

堆肥は春や秋にはよくはけますが、夏と冬には注文がほとんど入りません。年間を通して販売できる方法はありませんか。

A　大変多い質問です。なかなか名案はありませんが、いくつか方途は考えられるので、参考にしてみてください。

▍堆肥は必ずしも春・秋に撒かなくてもよい

　耕種側の都合に合わせると、どうしても散布は春、秋に集中ということになりますが、前もって撒いておいても差し支えない作物があります。山形県では冬のうちに水田に堆肥を融雪剤として撒いておくことが行われています。雪の上ですから堆肥の散布方法に工夫が必要ですが、できないことではありません。堆肥の散布サービスまで行えば、春、秋以外の季節でも歓迎される場面は多いと思います。

▍作物以外の利用を考える

　作物にしばられると季節が限定されますが、作物以外の利用を考えれば、多くの場合、季節に関係ありません。Q9（16頁）に、農地還元以外の利用法の事例を紹介していますが、これ以外にもあると思いますので、諦めずに探してみてください。

▍高温発酵がすんだら耕種農家に引き渡す

　Q95（182頁）で、堆肥利用に積極的な農家の約半数は、自家の経営に合わせ、堆肥を再加工していると述べました。このような熱心な農家がいれば、高温発酵が終わり、取り扱い性がよくなった時点で発酵途中で引き渡して、加工してもらいましょう。

▍簡易な在庫貯蔵施設を設置する

　貯蔵施設を設けることで、年間を通して堆肥がはけるということにはなりませんが堆肥という「商品」を扱う以上、貯蔵施設は必要だと考えてください。

Q98. 商品価値を高めるための篩い分けと袋詰の方法とコストは？

> 製造した堆肥の取り扱い性を高めて販売したいのですが、篩い分けと袋詰の方法と、費用について教えてください。

A 製造した堆肥を有利に販売するには、見栄えやハンドリングを高めるとよい場合があります。その分、掛かるコストとの兼ね合いはありますが、一考の価値があります。

■堆肥の篩い分け

堆肥の篩い分けは、大きな塊を分別除去し、粒径を整えて取り扱いやすくすることが目的です。大きな塊は、内部に未発酵部分が残っている可能性があるので、砕いて発酵槽に戻し、再発酵させます。篩い分け機には、振動篩と回転篩があります。畜ふん堆肥では回転篩が多く使われています。篩い目は10〜25mm程度です。堆肥の水分が40〜45％を超えると目詰まりが生じるので、それ以下にする必要があります。

■袋詰めの機械・機材とその処理コスト

堆肥の袋詰めは、取り扱いや輸送、保管、販売を容易にするために行います。1袋が50Lや20kgという単位での袋詰めの機械は、計量部分、袋詰め部分および袋のシール部分の3つから構成されています。堆肥化施設全体に比べるとコンパクトで、大規模施設では「これで大丈夫か」と感じてしまうほど相対的に小さい装置です。価格は300万円程度で、施設全体からみれば大きくはありません。ただし、袋詰め装置に堆肥を供給するためのホッパーとコンベアが必要です。また、ホッパーに堆肥を入れるローダーが動くための場所などにも配慮しなければなりません。

袋詰め販売は、袋代のコスト等がかかるため、大量に堆肥を使う需要農家向けに約1m^3の堆肥が入るフレキシブルコンテナ（フレコン）という袋の使用も増えています。

傾斜地やハウス内などでは、作業性の面から50Lや20kgという単位での袋詰めに対する需要も強くあります。このような需要には地域性があるので、施設の計画に当たっては、需要の傾向を事前に十分に調査した上で決定する必要があります。

Q99. 堆肥をペレット化する方法とコストは？

製造した堆肥の取り扱い性を高めて販売したいのですが、ペレット化の方法とそれに掛かる費用について教えてください。

A 堆肥のペレット化は、貯蔵性や散布の容易さなどから強い要望があります。ペレット化の成型装置は、高温・高圧で堆肥を圧縮して成型するものとしては、エクストルーダー方式とローラー・ディスクダイ方式が代表的です。両者ともに、成型孔を通過させるものですが、前者は比較的成型性、流動性が高い材料（水分30～35％）に適し、後者は強い外力をかけて成型するので水分が低い状態（水分25～30％）のものに適しています。成型機にかける前に、堆肥の粒度・水分を調整する必要があります。この他にも、もっと低い温度や圧力で成型化する機械もありますが、形が壊れやすいようです。

ペレット化に要するコストについては、「家畜ふん堆肥の品質評価・利用マニュアル（農林水産技術会議事務局、2004）」に事例があります。ローラー・ディスクダイ方式で1～1.5t／hの能力のもので1470万円です。毎日10t生産する堆肥化施設に導入すると、粉砕機等の補助的装置も入れて、総堆肥化施設費が10％程度の増となります。ランニングコストにも留意してください。

ペレット化によりハンドリングしやすくなることから、高い価格が設定でき、圧縮されるため、かさが少なくなって搬送性もすぐれます。散布用機械の利用との組み合わせ方や輸送距離などによっては、その有利性が発揮されるとされています。ペレット化施設の導入に当たっては、袋詰め機械と同様に、生産される堆肥の品質や需要動向を十分に踏まえる必要があります。

堆肥のペレット化処理の事例（九州沖縄農研の場合）

通気発酵させた乳牛ふん堆肥を主体として、これに油粕や鶏ふん、豚ぷん等を混合して成分調整したものをペレット化し、堆肥ペレットとして出荷しています。

生産加工工程を図38に示しました。

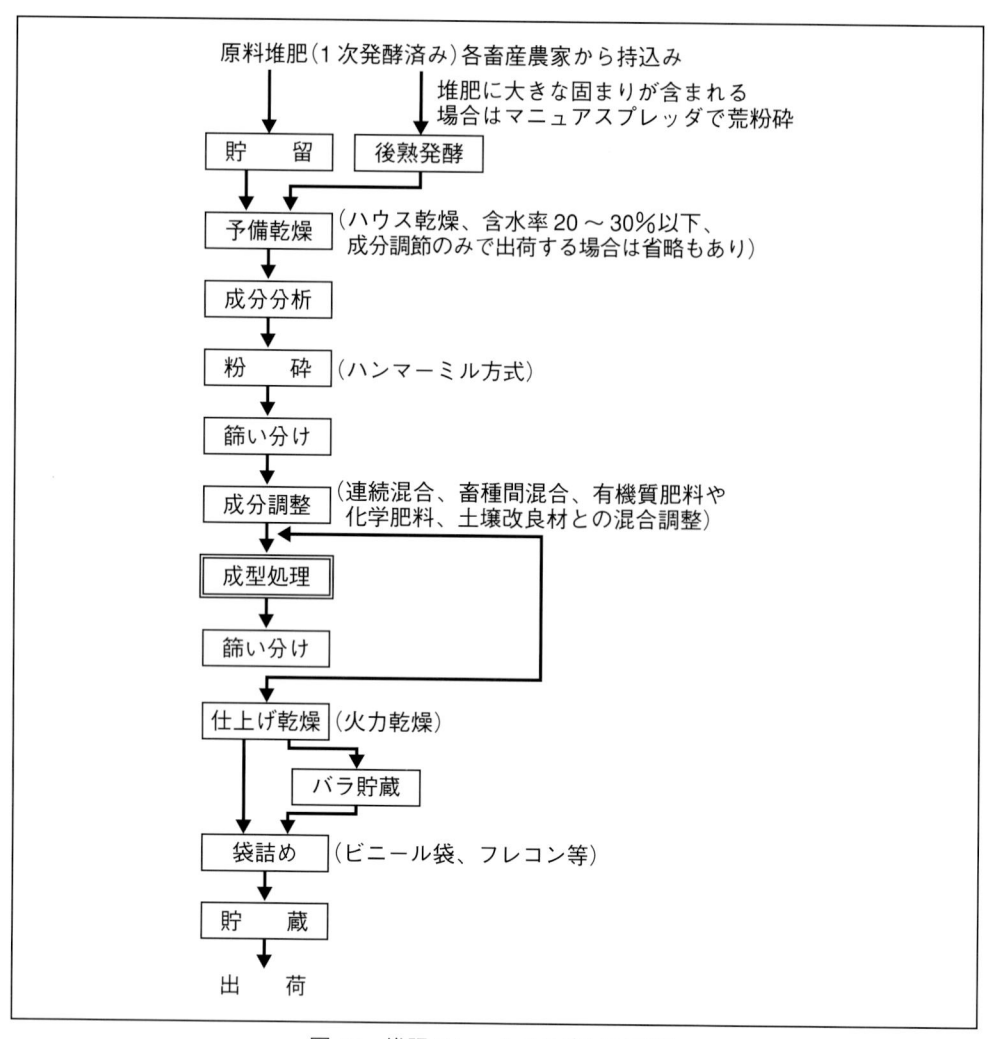

```
原料堆肥(1次発酵済み)各畜産農家から持込み
                    堆肥に大きな固まりが含まれる
                    場合はマニュアスプレッダで荒粉砕
   ┌─────┐  ┌─────┐
   │ 貯 留 │  │後熟発酵│
   └─────┘  └─────┘
      ↓
   ┌─────┐
   │予備乾燥│(ハウス乾燥、含水率20〜30%以下、
   └─────┘  成分調節のみで出荷する場合は省略もあり)
      ↓
   ┌─────┐
   │成分分析│
   └─────┘
      ↓
   ┌─────┐
   │ 粉 砕 │(ハンマーミル方式)
   └─────┘
      ↓
   ┌─────┐
   │篩い分け│
   └─────┘
      ↓
   ┌─────┐
   │成分調整│(連続混合、畜種間混合、有機質肥料や
   └─────┘  化学肥料、土壌改良材との混合調整)
      ↓
   ┌─────┐
   │成型処理│
   └─────┘
      ↓
   ┌─────┐
   │篩い分け│
   └─────┘
      ↓
   ┌─────┐
   │仕上げ乾燥│(火力乾燥)
   └─────┘
      ↓
   ┌─────┐
   │バラ貯蔵│
   └─────┘
      ↓
   ┌─────┐
   │袋詰め │(ビニール袋、フレコン等)
   └─────┘
      ↓
   ┌─────┐
   │ 貯 蔵 │
   └─────┘
      ↓
    出 荷
```

図38　堆肥ペレットの生産加工工程

「つくばマニュアル，前掲」

①堆肥の発酵処理

強制通気発酵により高温の1次発酵を約1ヶ月、その後2〜3ヶ月の2次発酵を行う。堆肥の水分は45〜55％になる。

②予備乾燥(ハウス予乾)

撹拌機付きのハウスで水分を30％以下にする。夏期5〜7日、冬期では7〜14日程度かかる。

③粉砕、篩い分け

ハンマーミルタイプの粉砕機では、孔径6mm、粉砕後の篩選別は2〜3mm目が適している。

④成分調整

畜種別の堆肥や油粕などの有機質資材を混合して、施用作物に合った成分に調整する。混合には、飼料混合用のバッチ式のオケ型撹拌機が適している。

写真6　堆肥ペレットの形状(大→小)

⑤成型

　ここでは、30％以下の水分ならば成型でき、ダイの交換や目詰まりの掃除が容易なローラー・ディスクダイ式を採用している。油粕を1/3以上混合すると成型性能が高まる。

⑥仕上げ乾燥・篩選別・袋詰め・貯蔵

　成型後、成分の変質を防ぐため、水分を15％程度まで火力乾燥する。粉部分を篩で分離し、袋詰めする。貯蔵中は吸湿に留意する。

⑦散布

　耕種農家手持ちの石灰散布機(ライムソワー)やブロードキャスタで機械散布ができるので、マニュアスプレッダなどの特別な装置を必要としない。ハウス内でも散布が容易である(**Q100**、**190頁**)。

Q100. 堆肥の散布サービスで販売量を伸ばしたいが、どんな方法があるか？

> 堆肥の販売を促進させるため、散布サービスをしたいと思っています。どんな方法がありますか。

A Q91（174頁）にもあるように、耕種農家は堆肥の散布サービスを強く望んでいます。労力は掛かりますが、散布サービスを行うと堆肥の販売促進につながります。

マニュアスプレッダが一般的

　一般的な方法として、マニュアスプレッダが使われています。比較的低価格で、堆肥の性状によらず散布できます。また、堆肥製造の切り返しの際に流用すると、撹拌が十分にできるので、1台は保有していてもよいと思います。1回に積み込める量だけを散布するのであれば、トラックに積み込んだマニュアスプレッダに堆肥を積み込んで、現地まで行って散布することができますが、それ以上を散布する場合には、現地でマニュアスプレッダに積み込む機械が必要になります。ユニッククレーンのついたトラックがあるのなら、フレコンバッグに堆肥を詰め込み、1人でも容易に積み込んで現地に運べます。軽トラックに積み込めるような小型のマニュアスプレッダもあります。これならば、施設野菜の中でも散布できます。

水分が低ければ、ブロードキャスターやライムソワーも利用できる

　水分が30％以下で、1cm以下の篩を通してあれば、ブロードキャスター（**写真7**）やライムソワー（**写真8**）でも散布ができます。この装置は、本来ならば化学肥料を少量散布するのに使うので、1回に積み込める量が少ないですが、鉄工所などでタンクをかさ上げしてもらえば、200kg程度までは積み込めるようにできます。なお、これで散布する際は、粉塵が舞うので風の弱い日を選ぶ必要があります。ペレット化されているのであれば、風が強くても問題なく散布できます。

第 10 章　販売

写真 7　ブロードキャスターでの堆肥の散布
(伊澤)

写真 8　ライムソワーでの堆肥の散布
(長峰)

写真 9　「ハイらくらく」での堆肥の散布
(長峰)

　水分が 30 % 以下ならば、「ハイらくらく」という散布機(**写真 9**)も使えます。100 m のホースで送り込んで散布できるので、畝をたてた畑、茶園、果樹園、施設野菜など、大きな装置が入れないようなところでも容易に散布できます。最近は、もっと水分が高い堆肥でも散布できるように改良されているようです。

　他に、果樹園用に開発された散布機もあります。

索引

「Q番号」は、本文中の1～100までの質問番号を示しています。

Q番号

■あ行

亜鉛	61
悪臭防止法	36
浅型発酵槽	17
アドバイザー	11
アンモニア態窒素	81
EC	71
一次発酵	30
稲作農家	91
稲わら	21, 91
稲の倒伏	87
易分解性有機物	2, 62, 63, 66, 68
エコファーマー	90
塩類（障害）	71
オガ屑	21, 40, 73
オガ屑混合堆肥	73
オガ屑脱臭	32
汚泥（肥料）	6
温度計	20
温風送風	50

■か行

開放型施設	12, 15
化学肥料	6, 82
花き類	76
撹拌方式	12
果樹類	76
化石燃料	29
家畜排せつ物法	12
家畜排せつ物量	8
カリウム過剰	83
環境基準	81
環境保全型農業	90
慣行農法	4
完熟	63

Q番号

完熟堆肥	63, 80
乾燥	10
乾物	2
寒冷期の堆肥化	54
キク	76
寄生虫卵	1
キャベツ	76
厩（きゅう）肥	5
牛ふん（堆肥）	5, 8, 10, 59, 76
凝集剤	25, 92
強制通気	45, 55, 56
強制通気の効果	55
切り返し	38, 43
グラステタニー	83
クリプトスポリジウム	74
黒ぼく土	77
ケイ酸	84
鶏ふん堆肥	5, 8, 10, 35, 59, 76
嫌気性製剤	26
嫌気性微生物	31
原生動物	7
減農薬・減化学肥料	91
好気性微生物	31
好気的分解	62
耕種農家	78, 92
抗生物質	74
好熱菌	48
好冷菌	48
固液分離	92
固形物	2
米の食味	87
5要素	84
混合装置	53
根菜類	76
コンポスト	5
コンポテスター	66, 67, 68, 69, 70

	Q番号
コンポテスターの使い方	67

■さ行

	Q番号
栽培試験	89
作物の品質	88
雑草種子	1
サルモネラ	74
酸化反応熱	2
酸素消費量	66, 68, 70
三点比較式臭袋法	36
散布サービス	91, 100
3要素	7
3要素の肥効率	82
仕上げ処理	38
CEC	7
C/N比	44
自己発熱	48
施設の増設	19
持続農業法	90
臭気(臭気対策)	32, 33, 34, 35
臭気指数	36
臭気の測定	36
常温菌	48
焼却処理	10
硝酸性窒素	78, 80
硝酸態窒素	81
商品価値のある堆肥	93
初期発酵	52, 53
飼料作物	76
スイカ栽培	85
スイカ用成分調整堆肥	85
水洗法	32
水稲(農家)	76, 86, 91
水分(含量)	2, 41
水分含量の測定法	40
水分調整(材)	28, 39
水分の補給	47
スクープ式撹拌	13
生育阻害物質	24
生物化学的酸素消費量	70

	Q番号
生物脱臭	32
成分調整堆肥	85
ゼオライト	22
施肥(用)基準	77, 82
施用量	77
送風機(の防音)	58

■た行

	Q番号
堆きゅう肥	5
ダイコン	76
堆積高	49
堆積方式	12
大腸菌O−157	74
堆肥	5
堆肥化	2
堆肥化温度	48, 51
堆肥管理	38
堆肥化前処理	12, 38
堆肥化日数	27
堆肥コスト	93
堆肥散布	35, 91, 100
堆肥散布時の臭気	35
堆肥散布方法	100
堆肥舎面積	28
堆肥施用と品質	88
堆肥センター	94
堆肥脱臭	33
堆肥の色	65, 72
堆肥の価格	96
堆肥の購入価格	95
堆肥の成分(分析)	59, 60
堆肥の施用効果	75, 87, 89
堆肥の販売	90, 91, 92, 97, 98, 100
堆肥のPR	94
堆肥のペレット化	99
堆肥盤	13
堆肥品温	63
脱臭対策	32, 33, 34, 35
脱窒	80

	Q番号
種菌	26
多量要素	7
炭化処理	10
炭水化物	62
蛋白質	62
団粒構造	7
地下水	80
畜産環境アドバイザー	11
窒素	84
窒素飢餓	44
窒素の代替率	82
窒素の肥効率	82
窒素の無機化率	82
窒素の利用	81
通気（量）	45, 46
通気型	12
通気管理	55
通気の効果	55
通気の電気代	56
通気施設	18
TCA回路	31
電気伝導度	71
天日乾燥	29
銅	61
トウモロコシ	83
特殊肥料	6
特定悪臭物質	36
特別栽培米	91
土壌構造	75
土壌診断	84
土壌脱臭	33
土壌微生物	75
トマト	76
豚ぷん（堆肥）	5, 8, 10, 59, 76

■ な行

ナシ	76
難分解性有機物	2
におい識別装置	36
二次発酵	30

	Q番号
尿酸態窒素	7
燃焼熱	2
農業環境規範	90

■ は行

バーク	21
バーミキュライト	21, 22
パーライト	21, 22
バイオガス化（メタン発酵）	10
排水性	75
廃木材	21
ハエの防除	37
白菜	76
発芽試験	73
PAC	25, 92
発酵	2, 31, 38, 48
発酵温度	48
発酵菌	26
発酵熱	2
馬ふん堆肥	59
販路拡大	94, 97
pH	7, 62, 84
BOD	70
ピーマン	76
非黒ぼく土壌	77
肥効率	82
微生物資材	26
病原菌	74
病原性微生物	1
肥料効果	79
肥料取締法	6
微量要素	7
品温変化	68
品質基準	61
フェノール性酸	73
副資材	21, 22, 23, 24, 40, 59, 73
袋詰め	98
腐熟（度）	31, 62, 63, 64
腐熟度の総合評価	65
腐熟度判定	65, 66, 69

	Q番号
腐植	84
腐植質	7
普通肥料	6
腐敗	31, 50
篩い分け	98
フレコンバッグ	100
ブロードキャスター	100
分解熱	2
ペレット化（堆肥）	85, 99
ペレット化コスト	99
防音対策	58
ホウレンソウ	76
保水性	75
ポリ塩化アルミニウム	25

ま行

マニュアスプレッダ	100
ミカン	76
密閉型施設	12, 15, 34
ミミズによる熟度判定	64
無機化	81
無機資材	21
無機物	62
メタン発酵	10
メロン	76

	Q番号
木質系副資材	21, 24
戻し堆肥	29, 36, 53, 71, 133
モミ殻	23, 36
モミ殻粉砕	23, 40
もも	144

や行

有機化	81
有機体窒素	81
有機物	31
陽イオン交換容量	7
幼植物試験	73
容積重	41, 42
余剰汚泥	25

ら行

ライムソワー	100
リグニン	62
リンゴ	76
リン酸	84
冷害と堆肥施用	86
ロータリー式撹拌	13
露地野菜	76
ロックウール	32

■著者紹介■

古谷　修（ふるや　しゅう）
　　(財)畜産環境整備機構畜産環境技術研究所　所長
　昭和38年、北海道大学農学部農芸化学科卒業。同年より、農林省畜産試験場に勤務。その後、九州農業試験場研究室長、東北農業試験場畜産部長、農水省畜産試験場企画調整部長、農水省農業研究センター総研官、東北農業試験場場長を経て、現職に至る。家畜の栄養制御による排せつ物負荷低減の研究に従事。主な著書は、「畜産環境対策大事典」(農文協)、「家畜排せつ物処理の実際」(中央畜産会)、「基礎家畜飼養学」(養賢堂)などで分担執筆。

伊澤敏彦（いざわ　としひこ）
　　特定非営利活動法人環境資源開発研究所　理事
　昭和42年、東京大学農学部農業工学科卒業。同年より、特殊法人農業機械化研究所に勤務。昭和55年、未利用資源の活用に関する農業工学的研究担当の主任研究員となる。その後、昭和59年、企画調整室長。組織改革により生物系特定産業技術研究推進機構の企画第1課長を経て、平成2年、東北農業試験場生産工学部生産施設研究室長。平成5年、総合研究第1チーム長。平成10年に退職。その後曲折を経て現在NPO理事として、循環型社会実現に向けて「語り部」となるべく励んでいる。「最新微生物ハンドブック」(サイエンスフォーラム社)、「有機性汚泥の緑農地利用」(博友社)、「有機廃棄物資源化大事典」(農文協)に分担執筆している。

本多勝男（ほんだ　かつお）
　　(財)畜産環境整備機構　審議役・畜産環境技術相談室長
　昭和42年、東京農業大学農学部畜産学科卒業。同年4月、神奈川県畜産試験場に勤務。平成11年3月、神奈川県畜産研究所(名称変更)を退職し、同年4月より現職。畜産環境問題が発生し始めた昭和42年から40年間、畜産環境問題一筋に取り組み、神奈川型と呼ばれる実用的なふん尿処理・利用技術を開発し、畜産農家に普及した。専門は、汚水処理技術、堆肥化発酵技術、悪臭対策、メタン発酵など畜産環境保全技術全般にわたる。畜産技術者による畜産農家のための環境保全技術を提唱。現在は全国の畜産関係機関の職員を対象とする畜産環境技術者「畜産環境アドバイザー」の養成と技術相談を行っている。

長峰孝文（ながみね　たかふみ）
　　(財)畜産環境整備機構畜産環境技術研究所　研究員
　平成4年、鹿児島大学連合農学研究科にて博士(農学)取得。1年間の宮崎大学農学部研究補助員勤務を経て(社)農林水産先端技術振興センター農林水産先端技術研究所に勤務し、ルーメン微生物の研究に従事。平成13年から畜産環境技術研究所にて、畜産排水処理および堆肥化の研究に従事。主な著書は、「新ルーメンの世界」(農文協)、「腸内フローラの分子生態学」(学会出版センター)など。インターネットに公開中の「畜産農家のための堆肥生産サポートシステム」および「畜産農家のための汚水処理サポートシステム」の編集・著作。

家畜ふん堆肥の基礎から販売まで
～100問100答～

2007年6月15日　初版第1刷発行

編著者	古谷　修
著　者	古谷　修　伊澤敏彦　本多勝男　長峰孝文
発行者	清水嘉照
発行所	株式会社アニマル・メディア社
	〒113-0034　東京都文京区湯島2-12-5　湯島ビルド301
	TEL03-3818-8501　　FAX03-3818-8502

©2007 Shu Furuya Printed in Japan
ISBN978-4-901071-16-1

制作には十分に注意しておりますが、万一、乱丁、落丁などの不良品がありましたら、
小社あてにお送りください。送料小社負担にてお取替えいたします。
本書に記載した写真、イラスト、本文などの無断転載、複写を固く禁じます。

超深型3mの発酵槽に対応する攪拌機の革命児登場！

ファームクリーンWオーガー
FARMCLEAN W OHGER SYSTEM

ツインスクリューが静かで効率的な攪拌

- 3mの堆積が可能で高容積・省スペース
- 低コストの高能力発酵で良質な堆肥生産
- 表面積少なく臭気の発散も最小限に
- 単純かつ頑丈な設計でメンテフリー

2本の頑丈なスクリューで1度に1mずつ攪拌

1m

ブロワーで底から空気を供給。良好な発酵・温度上昇

小林社長の身長をはるかに超える3mの超深型

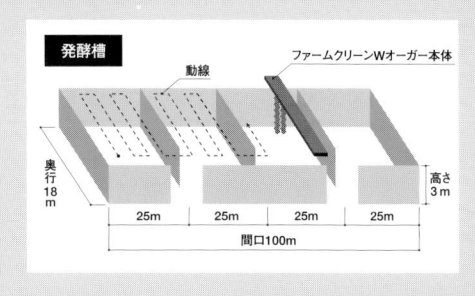

発酵槽 動線　ファームクリーンWオーガー本体
奥行18m　高さ3m
25m　25m　25m　25m
間口100m

IK アイケイ商事株式会社　http://www.iksyoji.co.jp

【本社】千葉県香取市虫幡942番地
TEL 0478-82-7121
FAX 0478-82-7122

【九州営業所】
担当：津村
福岡市東区美和台6-28-1
携帯 090-5923-7036

【沖縄代理店】
(資)沖動薬商事
沖縄県豊見城市字嘉数279番地
TEL 098-850-8200

明治の機能性素材 〔単体飼料〕 ビオカルボM

- ●ビオカルボMは、臭い成分、化学物質などいろいろな物質を吸着します。
- ●ビオカルボMは、水分を調節し、糞便形状の維持をはかります。

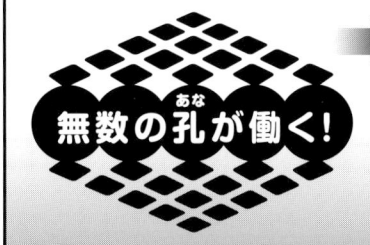

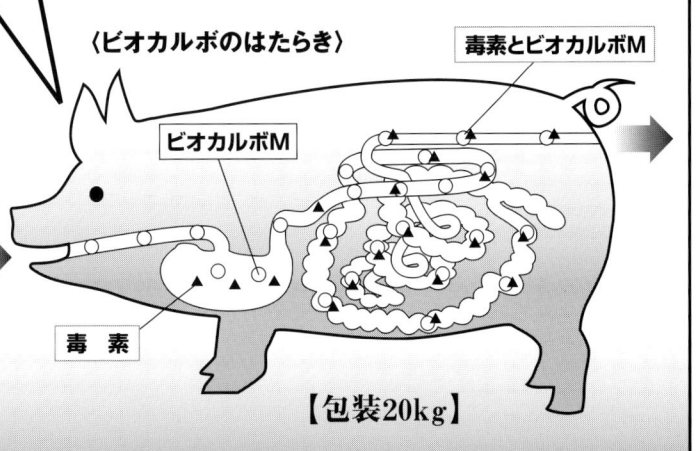

〈ビオカルボのはたらき〉

毒素とビオカルボM
ビオカルボM
毒素

無数の孔（あな）が働く！

【包装20kg】

明治のプロバイオティック 〔生菌入り混合飼料〕 BNバランス

【包装20kg】

- ●納豆菌BN株は、腸内菌叢の正常化をはかります。
- ●納豆菌BN株は、腸をクリーンにして、生産性の向上をはかります。

バチルス サブチルス BN株　5.0×10^{8}（5億）個／g含有品

明治のプレバイオティック 飼料用フラクトオリゴ糖

- ●フラクトオリゴ糖は、ビフィズス菌などの腸内有用菌の栄養源となり、これを増殖させます。 
- ●フラクトオリゴ糖は、腸内環境を整えて、家畜、家禽本来の能力を引き出します。

明治製菓株式会社
http://www.meiji.co.jp/animalhealth/

食品残渣・動植物性残渣・汚泥・剪定枝など

有機性廃棄物を良質堆肥に
オープン式発酵撹拌機

特　許
3452844号／3574358号
3682195号／3850720号

開放面からの投入・取出しが自由!!

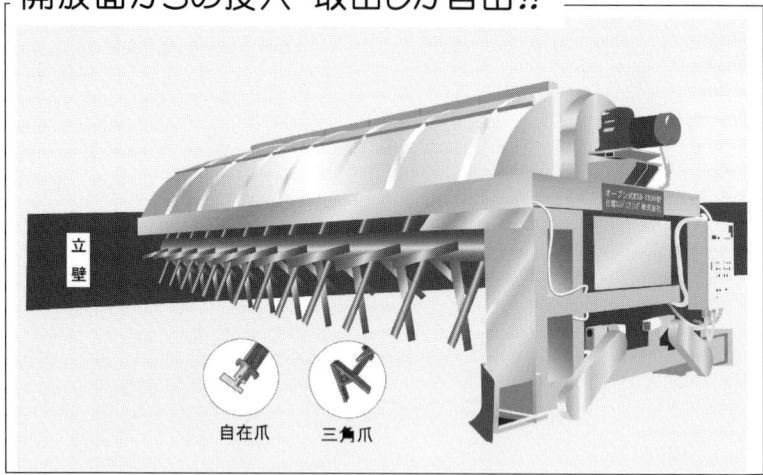

立壁

自在爪　三角爪

- 3～4日に1回の撹拌でもOK
- 不定期的な投入にも対応！
- 不定量な投入も可能
- 大量処理にも対応可能
- 公共施設等の大型プラントに最適
- 低ランニングコスト
- シンプル構造
- 最大処理 60㎥／日

移動式脱臭フード
撹拌機と同時に移動しながら吸引します

撹拌機全体を覆い、撹拌時に発生する高濃度の臭気と、水蒸気を集中的に捕捉し、ダクトを通して脱臭槽に送ります。

小規模施設から大規模プラントまで企画立案致します

KS有機性廃棄物処理施設システムフロー図

送風ブロワ
ロックウール脱臭槽
防臭カーテン
トラックスケール
移動式脱臭フード付オープン式撹拌機
KS袋詰設備
製品出荷
原料搬入

　弊社は、専門メーカーとして発酵堆肥化装置を開発し、30年間に全国各地に800台以上の納入実績を持っております。
自社工場で製作し、発酵設備、脱臭設備、堆肥化指導までのプラント設備一式の設計・施工も承っております。

お客様への安心と信頼のため全国に
メンテナンス体制を取っております

日環エンジニアリング株式会社

埼玉　〒363-0017　埼玉県桶川市西2丁目8番6号
　　　TEL：048-773-4485　FAX：048-773-4429
　　　E-Mail： saitama@nikkan-ks.com

東北　〒989-6233　宮城県大崎市古川桜ノ目字新沢目134
　　　TEL：0229-28-2334　FAX：0229-28-2335
　　　E-Mail： tohoku@nikkan-ks.com

＊詳しくはHPをご覧ください。　URL：http://www.nikkan-ks.com